23년 출간 교재 | 24년 출간 교재 | 25년 출간 교재

			예비 초등	1-2학년	3-4학년	5-6학년	예비 중등
쓰기력	국어	한글 바로 쓰기	P1 P2 P3 P1~3_활동 모음집				
쓰기력	국어	맞춤법 바로 쓰기		1A 1B 2A 2B			
어휘력	전 과목	어휘		1A 1B 2A 2B	3A 3B 4A 4B	5A 5B 6A 6B	
어휘력	전 과목	한자 어휘		1A 1B 2A 2B	3A 3B 4A 4B	5A 5B 6A 6B	
어휘력	영어	파닉스		1 2			
어휘력	영어	영단어			3A 3B 4A 4B	5A 5B 6A 6B	
독해력	국어	독해	P1 P2	1A 1B 2A 2B	3A 3B 4A 4B	5A 5B 6A 6B	
독해력	한국사	독해 인물편			1 2	3 4	
독해력	한국사	독해 시대편			1 2	3 4	
계산력	수학	계산		1A 1B 2A 2B	3A 3B 4A 4B	5A 5B 6A 6B	7A 7B

			예비 초등	1-2학년	3-4학년	5-6학년	예비 중등
교과서 문해력	전 과목	개념어 +서술어		1A 1B 2A 2B	3A 3B 4A 4B	5A 5B 6A 6B	
교과서 문해력	사회	교과서 독해			3A 3B 4A 4B	5A 5B 6A 6B	
교과서 문해력	과학	교과서 독해			3A 3B 4A 4B	5A 5B 6A 6B	
교과서 문해력	수학	문장제 기본		1A 1B 2A 2B	3A 3B 4A 4B	5A 5B 6A 6B	
교과서 문해력	수학	문장제 발전		1A 1B 2A 2B	3A 3B 4A 4B	5A 5B 6A 6B	

			예비 초등	1-2학년	3-4학년	5-6학년	예비 중등
창의·사고력	전 영역	창의력 키우기	1 2 3 4				
※	* 초등학생을 위한 영역별 배경지식 함양 <완자 공부력> 시리즈는 2024년부터 출간됩니다.						

* 완자 공부력 신간은 계속해서 출간됩니다.

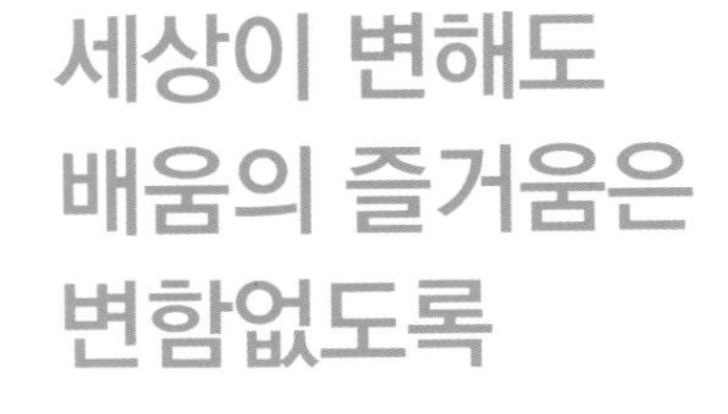

시대는 빠르게 변해도
배움의 즐거움은
변함없어야 하기에

어제의 비상은
남다른 교재부터
결이 다른 콘텐츠
전에 없던 교육 플랫폼까지

변함없는 혁신으로
교육 문화 환경의 새로운 전형을
실현해왔습니다.

비상은 오늘, 다시 한번
새로운 교육 문화 환경을 실현하기 위한
또 하나의 혁신을 시작합니다.

오늘의 내가 어제의 나를 초월하고
오늘의 교육이 어제의 교육을 초월하여
배움의 즐거움을 지속하는 혁신,

바로, 메타인지 기반 완전 학습을.

상상을 실현하는 교육 문화 기업 비상

메타인지 기반 완전 학습

초월을 뜻하는 meta와 생각을 뜻하는 인지가 결합한 메타인지는
자신이 알고 모르는 것을 스스로 구분하고 학습계획을 세우도록 하는
궁극의 학습 능력입니다. 비상의 메타인지 기반 완전 학습 시스템은
잠들어 있는 메타인지를 깨워 공부를 100% 내 것으로 만들도록 합니다.

공부로 이끄는 힘!

완자 공부력

교과서 문해력

수학 문장제 | 기본 | 5A

5학년

수학 문장제 기본 단계별 구성

1A	1B	2A	2B	3A	3B
9까지의 수	100까지의 수	세 자리 수	네 자리 수	덧셈과 뺄셈	곱셈
여러 가지 모양	덧셈과 뺄셈 (1)	여러 가지 도형	곱셈구구	평면도형	나눗셈
덧셈과 뺄셈	여러 가지 모양	덧셈과 뺄셈	길이 재기	나눗셈	원
비교하기	덧셈과 뺄셈 (2)	길이 재기	시각과 시간	곱셈	분수
50까지의 수	시계 보기와 규칙 찾기	분류하기	표와 그래프	길이와 시간	들이와 무게
	덧셈과 뺄셈 (3)	곱셈	규칙 찾기	분수와 소수	자료의 정리

수학 교과서 전 단원, 전 영역 문장제 문제를
쉽게 익히고 연습하여 문제 해결력을 길러요!

4A	4B	5A	5B	6A	6B
큰 수	분수의 덧셈과 뺄셈	자연수의 혼합 계산	수의 범위와 어림하기	분수의 나눗셈	분수의 나눗셈
각도	삼각형	약수와 배수	분수의 곱셈	각기둥과 각뿔	소수의 나눗셈
곱셈과 나눗셈	소수의 덧셈과 뺄셈	규칙과 대응	합동과 대칭	소수의 나눗셈	공간과 입체
평면도형의 이동	사각형	약분과 통분	소수의 곱셈	비와 비율	비례식과 비례배분
막대 그래프	꺾은선 그래프	분수의 덧셈과 뺄셈	직육면체	여러 가지 그래프	원의 둘레와 넓이
규칙 찾기	다각형	다각형의 둘레와 넓이	평균과 가능성	직육면체의 부피와 겉넓이	원기둥, 원뿔, 구

특징과 활용법

준비하기
단원별 2쪽, 가볍게 몸풀기

문장제 준비하기

계산으로 문장제 준비하기

계산을 하여 기약분수로 나타내어 보세요.

1. $\frac{2}{7}+\frac{1}{4}=\frac{15}{28}$
2. $\frac{2}{3}+\frac{1}{5}=$
3. $2\frac{5}{12}+\frac{3}{16}=$
4. $4\frac{1}{2}+2\frac{1}{6}=$
5. $5\frac{1}{5}+2\frac{1}{2}=$
6. $\frac{5}{6}+\frac{7}{8}=$
7. $\frac{1}{2}+\frac{5}{8}=$
8. $1\frac{1}{6}+\frac{6}{7}=$
9. $4\frac{3}{8}+2\frac{3}{4}=$
10. $3\frac{3}{4}+1\frac{2}{5}=$

66

계산 문제나 기본 문제를
풀면서 개념을 확인해요!
잘 기억나지 않는 건
도움말을 보면서 떠올려요!

일차 학습
하루 4쪽, 문장제 학습

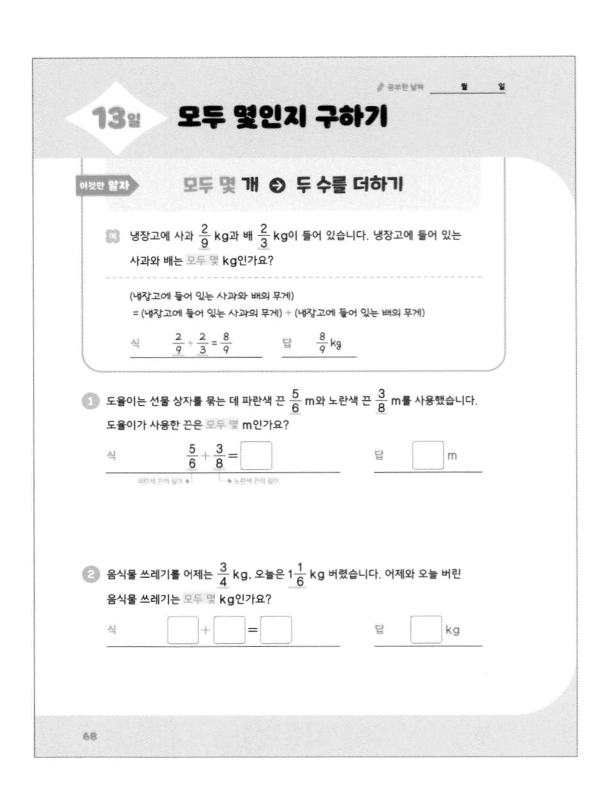
공부한 날짜 월 일

13일 모두 몇인지 구하기

이것만 알자 **모두 몇 개 → 두 수를 더하기**

예 냉장고에 사과 $\frac{2}{9}$ kg과 배 $\frac{2}{3}$ kg이 들어 있습니다. 냉장고에 들어 있는 사과와 배는 모두 몇 kg인가요?

(냉장고에 들어 있는 사과와 배의 무게)
= (냉장고에 들어 있는 사과의 무게) + (냉장고에 들어 있는 배의 무게)

식 $\frac{2}{9}+\frac{2}{3}=\frac{8}{9}$ 답 $\frac{8}{9}$ kg

1. 도율이는 선물 상자를 묶는 데 파란색 끈 $\frac{5}{6}$ m와 노란색 끈 $\frac{3}{8}$ m를 사용했습니다. 도율이가 사용한 끈은 모두 몇 m인가요?

식 $\frac{5}{6}+\frac{3}{8}=\square$ 답 $\square$ m

파란색 끈의 길이 / 노란색 끈의 길이

2. 음식물 쓰레기를 어제는 $\frac{3}{4}$ kg, 오늘은 $1\frac{1}{6}$ kg 버렸습니다. 어제와 오늘 버린 음식물 쓰레기는 모두 몇 kg인가요?

식 $\square+\square=\square$ 답 $\square$ kg

68

하루에 4쪽만 공부하면 끝!
이것만 알자 속 내용만 기억하면
풀이가 술술~

실력 확인하기

단원별 마무리하기와 총정리 실력 평가

마무리하기

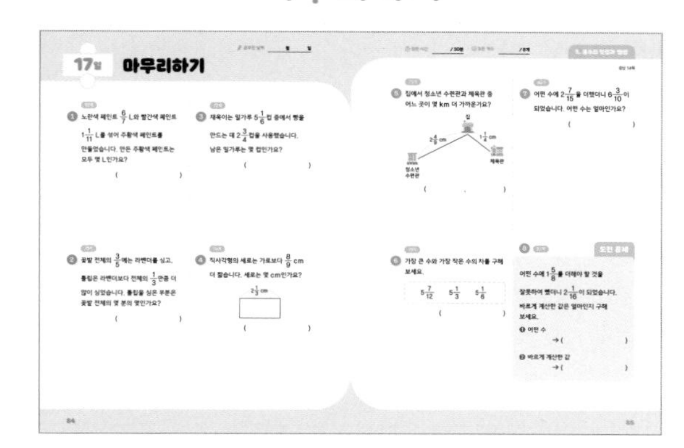
17일 마무리하기

앞에서 배운 문제를
풀면서 실력을 확인해요.
조금 더 어려운 도전 문제까지
성공하면 최고!

실력 평가

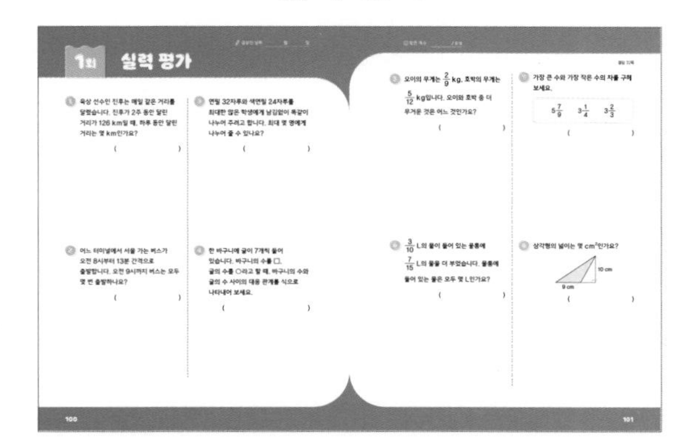
1회 실력 평가

한 권을 모두 끝낸 후엔
실력 평가로 내 실력을 점검해요!
6개 이상 맞혔으면
발전편으로 GO!

정답과 해설

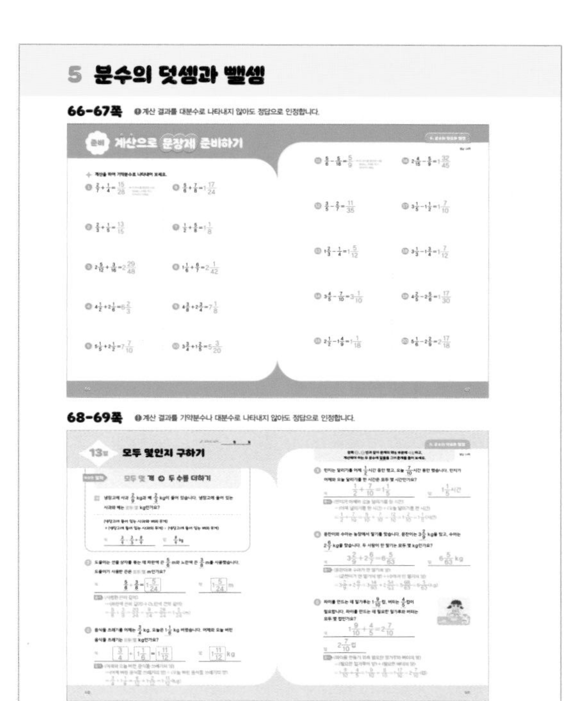
5 분수의 덧셈과 뺄셈

66~67쪽

준비 계산으로 문장제 준비하기

68~69쪽

13일 모두 몇인지 구하기

14

정답과 해설을 빠르게 확인하고,
틀린 문제는 다시 풀어요!
QR을 찍으면 모바일로도
정답을 확인할 수 있어요!

차례

1 자연수의 혼합 계산

준비

계산으로
문장제 준비하기

1일차

- 덧셈, 뺄셈이 섞여 있는 식으로 나타내기
- 곱셈, 나눗셈이 섞여 있는 식으로 나타내기

2일차

✦ 덧셈, 뺄셈, 곱셈, 나눗셈이 섞여 있는 식으로 나타내기 (1)

✦ 덧셈, 뺄셈, 곱셈, 나눗셈이 섞여 있는 식으로 나타내기 (2)

3일차

마무리하기

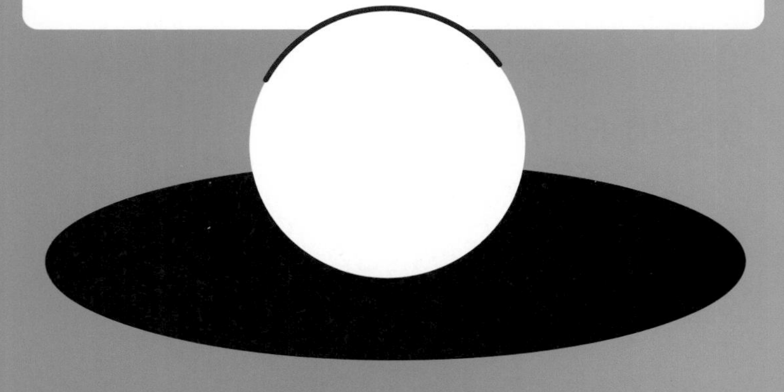

계산해 보세요.

1. $25+17-6=36$

앞에서부터 차례대로 계산해요. ① ②

2. $13-7+6=$

3. $46+8-27=$

4. $42-(8+16)=18$

① ( ) 안을 먼저 계산해요. ②

5. $91-(6+51)=$

6. $9\times8\div6=12$

앞에서부터 차례대로 계산해요. ① ②

7. $28\div4\times5=$

8. $5\times24\div8=$

9. $54\div(3\times2)=9$

① ( ) 안을 먼저 계산해요. ②

10. $56\div(7\times2)=$

정답 2쪽

⑪ $4+5\times7-13=26$

① 곱셈을 먼저 계산해요.
②
③

⑫ $34+9-8\times3=$

⑬ $9+3\times(15-8)=30$

① ( ) 안을 먼저 계산해요.
②
③

⑭ $(8+5)\times2-7=$

⑮ $14+25\div5-17=2$

① 나눗셈을 먼저 계산해요.
②
③

⑯ $40-24+48\div6=$

⑰ $54\div(12-6)+7=16$

①
②
③

⑱ $9+35\div(13-8)=$

⑲ $12\times6-54\div3+6=$

⑳ $8\times(12-9)+12\div3=$

공부한 날짜 월 일

1일 덧셈, 뺄셈이 섞여 있는 식으로 나타내기

이것만 알자

수가 늘어나는 경우 ➔ 덧셈 이용하기
수가 줄어드는 경우 ➔ 뺄셈 이용하기
먼저 계산해야 하는 식 ➔ ( )를 사용

예 버스 안에 사람이 28명 타고 있었습니다. 정류장에서 9명이 내리고 12명이 탔습니다. 지금 버스 안에 있는 사람은 몇 명인지 하나의 식으로 나타내어 구해 보세요.

(지금 버스 안에 있는 사람 수)
= (버스 안에 타고 있던 사람 수) − (내린 사람 수) + (탄 사람 수)

식 $28-9+12=31$ 답 31명

1 승연이네 반 학생은 28명이었는데 5명이 전학을 가고 3명이 전학을 왔습니다. 지금 승연이네 반 학생은 몇 명인지 하나의 식으로 나타내어 구해 보세요.

식 $28-5+3=\square$ 답 $\square$명

(28: 처음에 있던 학생 수, 5: 전학을 간 학생 수, 3: 전학을 온 학생 수)

2 민준이는 문구점에서 1500원짜리 공책 1권과 2300원짜리 필통 1개를 사고 5000원을 냈습니다. 거스름돈으로 얼마를 받아야 하는지 하나의 식으로 나타내어 구해 보세요.

식 $5000-(1500+2300)=\square$ 답 $\square$원

(5000: 낸 돈, 1500: 공책 1권의 값, 2300: 필통 1개의 값)

왼쪽 ①, ②번과 같이 문제의 핵심 부분에 색칠하고,
계산해야 하는 수들에 밑줄을 그어 문제를 풀어 보세요.

정답 2쪽

③ 재하네 반 학급 문고에는 동화책이 65권, 위인전이 47권 있습니다. 그중에서 36권을 친구들이 빌려갔습니다. 남은 책은 몇 권인지 하나의 식으로 나타내어 구해 보세요.

식 ______________________

답 ______________

④ 빨간색 페인트 15 L와 흰색 페인트 8 L를 섞어 분홍색 페인트를 만들었습니다. 벽을 칠하는 데 분홍색 페인트 9 L를 사용했다면 남은 분홍색 페인트는 몇 L인지 하나의 식으로 나타내어 구해 보세요.

식 ______________________ 답 ______________

⑤ 식당에 있는 음식의 가격을 나타낸 것입니다. 지혜는 돈가스를 먹었고, 성우는 라면과 김밥을 각각 하나씩 먹었습니다. 지혜는 성우보다 얼마를 더 내야 하는지 하나의 식으로 나타내어 구해 보세요.

메뉴	라면	김밥	돈가스
가격(원)	3000	3500	8000

식 ______________________ 답 ______________

1일

곱셈, 나눗셈이 섞여 있는 식으로 나타내기

이것만 알자

몇씩 몇 묶음 ➔ 곱셈 이용하기
똑같이 나누어 ➔ 나눗셈 이용하기
먼저 계산해야 하는 식 ➔ ( )를 사용

예 한 봉지에 15개씩 들어 있는 사탕이 4봉지 있습니다. 이 사탕을 6명에게 똑같이 나누어 주면 한 사람에게 몇 개씩 줄 수 있는지 하나의 식으로 나타내어 구해 보세요.

(한 사람에게 줄 수 있는 사탕 수)
= (한 봉지에 들어 있는 사탕 수) × (봉지 수) ÷ (나누어 준 사람 수)

전체 사탕 수

식 $15 \times 4 \div 6 = 10$ 답 10개

1 과수원에서 사과를 한 바구니에 25개씩 4바구니 따서 5상자에 남김없이 똑같이 나누어 담았습니다. 한 상자에 담은 사과가 몇 개인지 하나의 식으로 나타내어 구해 보세요.

식 $25 \times 4 \div 5 = \square$ 답 $\square$개

한 바구니에 들어 있는 사과 수 / 바구니 수 / 상자 수

2 한 상자에 초콜릿을 4개씩 3줄로 담으려고 합니다. 초콜릿 72개를 모두 똑같이 나누어 담으려면 상자가 몇 개 필요한지 하나의 식으로 나타내어 구해 보세요.

한 상자에 담을 초콜릿 수

식 $72 \div (4 \times 3) = \square$ 답 $\square$개

전체 초콜릿 수

왼쪽 ①, ②번과 같이 문제의 핵심 부분에 색칠하고,
계산해야 하는 수들에 밑줄을 그어 문제를 풀어 보세요.

정답 3쪽

③ 지은이네 반 학생 28명은 7명씩 나누어 모둠을 만들어 미술 수업을 하려고 합니다. 한 모둠당 색종이를 9장씩 받았다면 나누어 준 색종이는 모두 몇 장인지 하나의 식으로 나타내어 구해 보세요.

식 ______________________ 답 ______________

④ 공책이 한 상자에 24권씩 3상자 있습니다. 이 공책을 한 사람에게 8권씩 모두 나누어 주려고 합니다. 몇 명에게 나누어 줄 수 있는지 하나의 식으로 나타내어 구해 보세요.

식 ______________________ 답 ______________

⑤ 인형 48개를 4명이 똑같이 나누어 만들려고 합니다. 한 사람이 한 시간에 2개씩 만들 수 있다면 인형을 만드는 데 몇 시간이 걸리는지 하나의 식으로 나타내어 구해 보세요.

식 ______________________

답 ______________

공부한 날짜 월 일

2일 덧셈, 뺄셈, 곱셈, 나눗셈이 섞여 있는 식으로 나타내기(1)

이것만 알자

수가 늘어나면 → 덧셈 / 수가 줄어들면 → 뺄셈
몇씩 몇 묶음 → 곱셈 / 똑같이 나누기 → 나눗셈

예 진수가 연필을 12자루 가지고 있었는데 누나가 8자루를 더 주었습니다. 친구 3명에게 5자루씩 나누어 준다면 남는 연필은 몇 자루인지 하나의 식으로 나타내어 구해 보세요.

(남는 연필 수)
= (처음에 있던 연필 수) + (누나에게 받은 연필 수) − (친구에게 나누어 준 연필 수)

(친구에게 나누어 준 연필 수) → (한 명에게 준 연필 수) × (친구 수)

식 $12 + 8 - 5 \times 3 = 5$ 답 5자루

1 세희는 과수원에서 사과를 30개 땄는데 오빠가 5개를 더 주었습니다. 친구 4명에게 6개씩 나누어 준다면 남는 사과는 몇 개인지 하나의 식으로 나타내어 구해 보세요.

식 $30 + 5 - 6 \times 4 =$ □ 답 □개

- 30: 딴 사과 수
- 5: 오빠에게 받은 사과 수
- 6: 한 명에게 준 사과 수
- 4: 친구 수

2 진우는 한 상자에 20개씩 들어 있는 사탕을 3상자 사서 동생과 똑같이 나누어 가진 후 친구에게 8개를 주었습니다. 진우에게 남은 사탕은 몇 개인지 하나의 식으로 나타내어 구해 보세요.

(나누어 가진 사람 수: 2명)

식 $20 \times 3 \div 2 - 8 =$ □ 답 □개

- 20: 한 상자에 들어 있는 사탕 수
- 3: 상자 수
- 2: 나누어 가진 사람 수
- 8: 친구에게 준 사탕 수

왼쪽 ①, ②번과 같이 문제의 핵심 부분에 색칠하고,
계산해야 하는 수들에 밑줄을 그어 문제를 풀어 보세요.

정답 3쪽

③ 승희네 반 학생 26명은 6명씩 4모둠으로 나누어 배구를 하고, 배구를 하지 않는 나머지 학생들은 다른 반 학생 7명과 응원을 하려고 합니다. 응원을 하는 학생은 모두 몇 명인지 하나의 식으로 나타내어 구해 보세요.

식 ______________________

답 ____________

④ 사과 한 개의 무게는 250 g, 무게가 같은 귤 3개의 무게는 240 g, 감 한 개의 무게는 190 g입니다. 사과 한 개와 귤 한 개의 무게의 합은 감 한 개의 무게보다 몇 g 더 무거운지 하나의 식으로 나타내어 구해 보세요.

식 ______________________ 답 ____________

⑤ 100 cm인 종이테이프를 4등분 한 것 중의 한 도막과 90 cm인 종이테이프를 3등분 한 것 중의 한 도막을 5 cm가 겹쳐지도록 이어 붙였습니다. 이어 붙인 종이테이프의 전체 길이는 몇 cm인지 하나의 식으로 나타내어 구해 보세요.

식 ______________________ 답 ____________

2일

덧셈, 뺄셈, 곱셈, 나눗셈이 섞여 있는 식으로 나타내기(2)

이것만 알자

수가 늘어나면 ➔ 덧셈 / 수가 줄어들면 ➔ 뺄셈
몇씩 몇 묶음 ➔ 곱셈 / 똑같이 나누기 ➔ 나눗셈
먼저 계산해야 하는 식 ➔ ( )를 사용

예 철사 28 m를 은수네 모둠 4명과 정우네 모둠 3명에게 각각 3 m씩 나누어 주었습니다. 나누어 주고 남은 철사는 몇 m인지 하나의 식으로 나타내어 구해 보세요.

(나누어 주고 남은 철사의 길이)
= (처음 철사의 길이) − (나누어 준 철사의 길이)
(한 사람에게 나누어 준 철사의 길이) × (나누어 준 사람 수)

식 $28 - 3 \times (4 + 3) = 7$ 답 7m

1 물 40 L를 민호의 물통 5개와 연아의 물통 4개에 각각 4 L씩 나누어 담았습니다. 나누어 담고 남은 물은 몇 L인지 하나의 식으로 나타내어 구해 보세요.

식 $40 - 4 \times (5 + 4) =$ ☐ 답 ☐ L

처음 물의 양 / 물통 한 개에 담은 물의 양 / 물통 수

2 공책 한 권은 900원, 연필 한 타는 6000원입니다. 준호는 2000원으로 공책 한 권과 연필 한 자루를 샀습니다. 준호가 받은 거스름돈은 얼마인지 하나의 식으로 나타내어 구해 보세요.

12자루

식 $2000 - (900 + 6000 \div 12) =$ ☐ 답 ☐ 원

낸 돈 / 공책 한 권의 값 / 연필 한 자루의 값

왼쪽 ①, ②번과 같이 문제의 핵심 부분에 색칠하고,
계산해야 하는 수들에 밑줄을 그어 문제를 풀어 보세요.

정답 4쪽

3 귤이 45개 있었는데 남학생 3명과 여학생 5명이 각각 5개씩 먹었습니다. 남은 귤은 몇 개인지 하나의 식으로 나타내어 구해 보세요.

식 ______________________ 답 ____________

4 지구에서 잰 무게는 달에서 잰 무게의 약 6배입니다. 어머니, 소미, 동생이 모두 달에서 몸무게를 잰다면 소미와 동생의 몸무게를 합한 무게는 어머니의 몸무게보다 몇 kg 더 무거운지 하나의 식으로 나타내어 구해 보세요.

	지구에서 잰 몸무게(kg)	달에서 잰 몸무게(kg)
어머니		10
소미	36	
동생	30	

식 ______________________ 답 ____________

5 지우는 일주일 동안 매일 윗몸 일으키기를 35번씩 했고, 세진이는 일주일 중 2일을 제외한 나머지 날에 매일 윗몸 일으키기를 40번씩 했습니다. 지우와 세진이가 일주일 동안 윗몸 일으키기를 모두 몇 번 했는지 하나의 식으로 나타내어 구해 보세요.

식 ______________________ 답 ____________

공부한 날짜 월 일

3일 마무리하기

12쪽

1. 윤재는 빨간색 구슬 28개와 파란색 구슬 15개를 가지고 있었습니다. 그중에서 친구에게 16개를 주었습니다. 윤재에게 남은 구슬은 몇 개인가요?

( )

12쪽

2. 은수는 가게에서 1500원짜리 빵 1개와 2600원짜리 주스 1병을 사고 5000원을 냈습니다. 거스름돈은 얼마인가요?

( )

14쪽

3. 한 봉지에 5개씩 들어 있는 도넛이 8봉지 있습니다. 이 도넛을 4명에게 똑같이 나누어 주면 한 명에게 몇 개씩 줄 수 있나요?

( )

14쪽

4. 윤서네 반 학생은 한 모둠에 6명씩 4모둠입니다. 사과 48개를 윤서네 반 학생들에게 똑같이 나누어 주면 한 명이 몇 개씩 가지게 되나요?

( )

정답 4쪽

16쪽

5 지호는 공책 28권을 4묶음으로 똑같이 나눈 것 중 한 묶음을 가지고 있었습니다. 그중에서 3권을 동생에게 주고, 어머니께 5권을 더 받았습니다. 지금 지호가 가지고 있는 공책은 몇 권인가요?

( )

16쪽

6 현수네 반 학생은 24명입니다. 5명씩 4모둠으로 나누어 게임을 하고, 게임을 하지 않는 나머지 학생들은 다른 반 학생 3명과 응원을 했습니다. 응원을 한 학생은 모두 몇 명인가요?

( )

7 18쪽 도전 문제

카레라이스 3인분을 만들려고 합니다. 10000원으로 필요한 재료를 사고 남은 돈은 얼마인지 구해 보세요.

❶ 양파 3인분의 값을 식으로 나타내기

식

❷ 돼지고기 3인분의 값을 식으로 나타내기

식

❸ 카레라이스 3인분을 만드는 데 필요한 재료의 값을 식으로 나타내기

식

❹ 남은 돈은 얼마인지 하나의 식으로 나타내어 구하기

식

답

2 약수와 배수

준비

기본 문제로
문장제 준비하기

4일차

- 남김없이 똑같이 나누기
- 반복되는 횟수 구하기

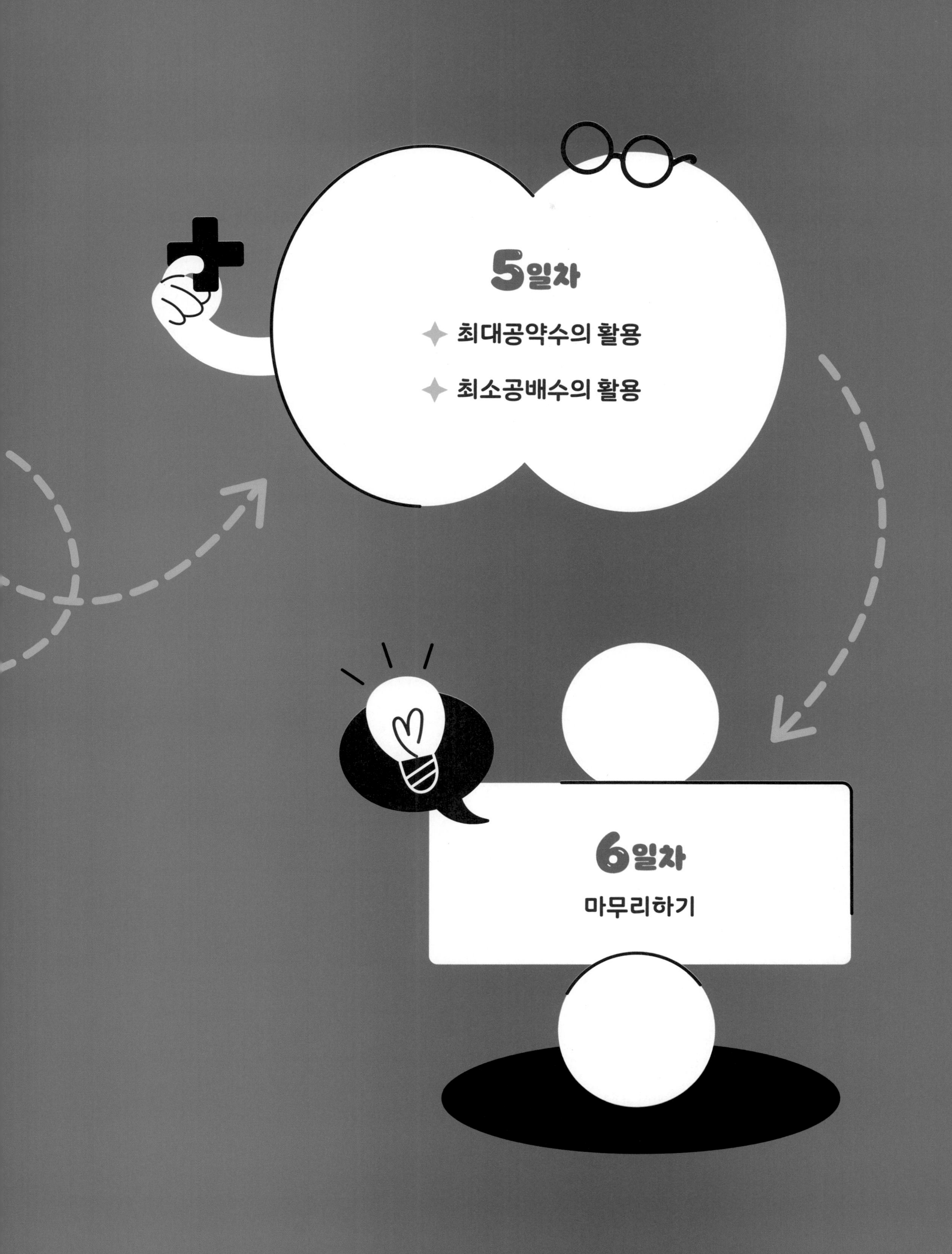
5일차
최대공약수의 활용
최소공배수의 활용
6일차
마무리하기

준비 기본 문제로 문장제 준비하기

◆ 약수를 구해 보세요.

1. 4의 약수 → 4를 나누어떨어지게 하는 수를 구해요.

(1, 2, 4)

2. 6의 약수

( )

3. 10의 약수

( )

4. 24의 약수

( )

5. 40의 약수

( )

◆ 배수를 작은 것부터 4개 써 보세요.

6. 3의 배수 → 3을 1배, 2배, 3배… 한 수를 구해요.

(3, 6, 9, 12)

7. 5의 배수

( )

8. 9의 배수

( )

9. 11의 배수

( )

10. 15의 배수

( )

정답 5쪽

두 수를 공약수로 나누고, 최대공약수를 구해 보세요.

11

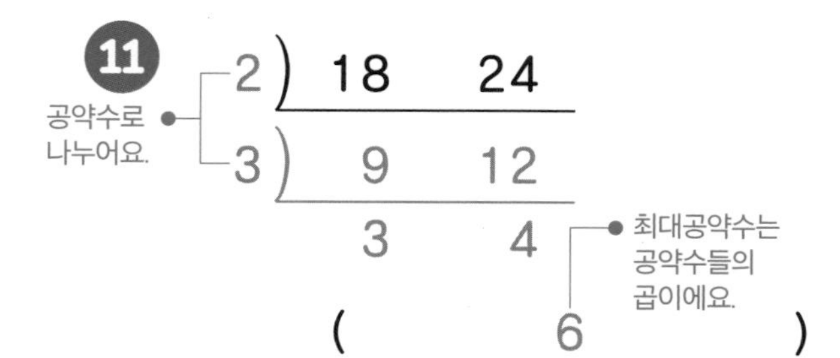

2) 18 24
3) 9 12
3 4
공약수로 나누어요.
최대공약수는 공약수들의 곱이에요.

(6)

12) 20 44

( )

13) 27 36

( )

14) 42 56

( )

두 수를 공약수로 나누고, 최소공배수를 구해 보세요.

15 3) 15 12

5 4

최소공배수는 공약수와 공약수로 나누고 남은 수들의 곱이에요.

(60)

16) 30 42

( )

17) 18 45

( )

18) 26 39

( )

✎ 공부한 날짜 월 일

4일 남김없이 똑같이 나누기

이것만 알자

8을 남김없이 똑같이 나눌 수 있는 수
➔ 8의 약수

예 빵 8개를 남김없이 똑같이 나누어 가질 수 있는 사람 수를 모두 찾아 ◯표 하세요.

(1명)	(2명)	3명	(4명)	5명	6명	7명	(8명)

똑같이 나누어 가질 수 있는 사람 수는 빵의 수의 약수입니다.
8의 약수는 1, 2, 4, 8이므로 똑같이 나누어 가질 수 있는 사람 수는 1명, 2명, 4명, 8명입니다.

1 초콜릿 15개를 남김없이 똑같이 나누어 담을 수 있는 상자 수를 모두 찾아 ◯표 하세요.

1개	2개	3개	5개	6개	9개	10개	15개

2 꽃 12송이를 남김없이 똑같이 나누어 꽂을 수 있는 꽃병의 수를 모두 구해 보세요.

( )

왼쪽 ①, ②번과 같이 문제의 핵심 부분에 색칠하고, 문제를 풀어 보세요.

정답 5쪽

③ 연필 20자루를 남김없이 학생들에게 똑같이 나누어 주려고 합니다. 나누어 줄 수 있는 학생 수를 모두 구해 보세요.

( )

④ 딸기 10개를 남김없이 접시에 똑같이 나누어 담을 수 있는 방법은 모두 몇 가지인가요?

( )

⑤ 색종이 45장을 남김없이 친구들에게 똑같이 나누어 주려고 합니다. 색종이를 나누어 줄 수 있는 방법은 모두 몇 가지인가요?

( )

⑥ 골프공 32개를 남김없이 똑같이 나누어 담을 수 있는 상자의 수를 모두 구해 보세요. (단, 나누어 담을 수 있는 상자는 1개보다 많고 32개보다 적습니다.)

( )

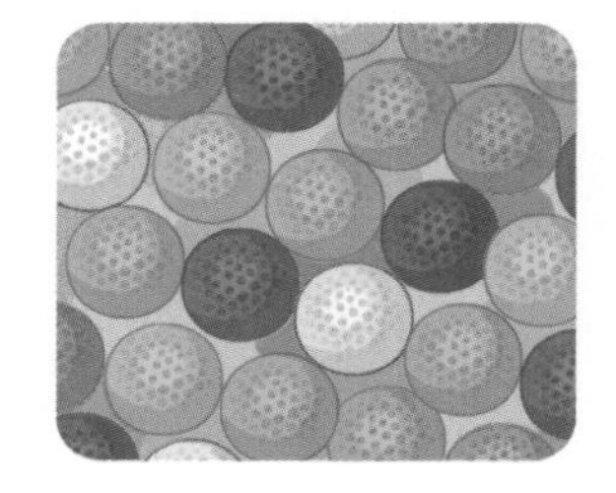

4일 반복되는 횟수 구하기

이것만 알자

8분 간격으로, 8분마다, 8분에 한 번씩
→ 8의 배수

예 터미널에서 동물원으로 가는 버스가 오전 9시부터 8분 간격으로 출발합니다. 오전 10시까지 버스는 모두 몇 번 출발하나요?

오전 9시부터 10시까지 버스는 분 단위가 8의 배수일 때 출발합니다.
따라서 버스가 출발하는 시각은 오전 9시, 9시 8분, 9시 16분, 9시 24분, 9시 32분, 9시 40분, 9시 48분, 9시 56분으로 모두 8번 출발합니다.

답 8번

1 어느 역에서 박물관으로 가는 셔틀버스가 오전 6시부터 9분 간격으로 출발합니다. 오전 7시까지 셔틀버스는 모두 몇 번 출발하나요?

(번)

2 재희는 5일에 한 번씩 방청소를 합니다. 재희가 4월 5일에 방청소를 했을 때, 4월 한 달 동안 방청소를 한 날짜를 모두 써 보세요.

일	월	화	수	목	금	토
	1	2	3	4	5	6
7	8	9	10	11	12	13
14	15	16	17	18	19	20
21	22	23	24	25	26	27
28	29	30				

( )

왼쪽 ①, ②번과 같이 문제의 핵심 부분에 색칠하고,
문제를 풀어 보세요.

정답 6쪽

③ 승미는 4일에 한 번씩 피아노 학원에 갑니다. 5월 4일에 피아노 학원에 갔다면 5월 한 달 동안 승미는 피아노 학원에 모두 몇 번 가나요?

( )

④ 야외 수영장에 7분마다 물이 쏟아지는 바구니가 있습니다. 오후 2시에 물이 쏟아졌을 때, 오후 2시 20분부터 오후 3시까지 물이 모두 몇 번 쏟아지나요?

( )

⑤ 어느 지하철이 출발역에서 6분 간격으로 출발한다고 합니다. 오전 5시에 첫 열차가 출발했다면 5번째로 출발하는 열차의 출발 시각은 오전 몇 시 몇 분인가요?

( )

⑥ 2023년은 토끼의 해입니다. 12간지라고 하여 각 동물의 해는 12년마다 반복됩니다. 2023년 이후 네 번째 토끼의 해는 몇 년인가요?

( )

5일 최대공약수의 활용

이것만 알자

최대한 많은 ~에(게) 남김없이 똑같이 나누어
➔ 최대공약수 이용하기

예 연필 24자루와 공책 20권을 최대한 많은 학생에게 남김없이 똑같이 나누어 주려고 합니다. 최대 몇 명의 학생에게 나누어 줄 수 있나요?

연필과 공책의 수를 똑같이 나누어떨어지게 하는 수 중 가장 큰 수를 찾아야 하므로 24와 20의 최대공약수를 구합니다.

```
2 ) 24  20
2 ) 12  10   ⇨ 최대공약수: 2 × 2 = 4
     6   5
```

따라서 최대 4명에게 나누어 줄 수 있습니다.

답 4명

'가장 큰', '최대한 길게'와 같은 표현에도 최대공약수를 이용해요.

1 귤 28개와 감 35개를 최대한 많은 사람에게 남김없이 똑같이 나누어 주려고 합니다. 최대 몇 명에게 나누어 줄 수 있나요?

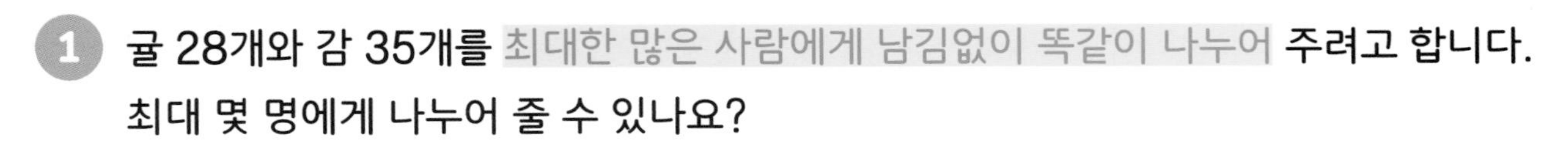

(명)

2 가로가 60 cm, 세로가 54 cm인 직사각형 모양의 종이를 똑같은 크기의 정사각형 모양 여러 개로 자르려고 합니다. 직사각형 모양의 종이를 남는 부분없이 가장 큰 정사각형 모양으로 자르려면 정사각형의 한 변의 길이는 몇 cm로 해야 하나요?

(cm)

왼쪽 ①, ②번과 같이 문제의 핵심 부분에 색칠하고, 문제를 풀어 보세요.

정답 6쪽

③ 쌀 56 kg과 보리 32 kg을 최대한 많은 통에 남김없이 똑같이 나누어 담으려고 합니다. 통은 최대 몇 개가 필요한가요?

( )

④ 길이가 36 cm, 45 cm인 나무 도막을 똑같은 길이로 남김없이 자르려고 합니다. 한 도막의 길이를 최대한 길게 하려면 몇 cm씩 잘라야 하나요?

36 cm

45 cm

( )

⑤ 사탕 40개와 초콜릿 50개를 최대한 많은 친구에게 남김없이 똑같이 나누어 주려고 합니다. 한 친구가 사탕과 초콜릿을 각각 몇 개씩 받을 수 있나요?

사탕 ( ), 초콜릿 ( )

⑥ 딸기 36개, 방울토마토 42개를 최대한 많은 접시에 남김없이 똑같이 나누어 담으려고 합니다. 한 접시에 딸기와 방울토마토를 각각 몇 개씩 담아야 하나요?

딸기 ( ), 방울토마토 ( )

5일 최소공배수의 활용

이것만 알자

바로 다음번에 동시에(함께)
➔ 최소공배수 이용하기

예 어느 터미널에서 부산행 버스는 10분마다, 광주행 버스는 15분마다 출발합니다. 두 버스가 동시에 출발했다면 바로 다음번에 동시에 출발하는 때는 몇 분 후인가요?

바로 다음번에 동시에 출발하는 때를 구해야 하므로
10과 15의 최소공배수를 구합니다.

$5 \overline{) \ 10 \quad 15}$
$\quad\ 2 \quad\ 3$

⇨ 최소공배수: $5 \times 2 \times 3 = 30$

따라서 두 버스가 바로 다음번에
동시에 출발하는 때는 30분 후입니다.

답 30분 후

'가장 작은', '가능한 작게'와 같은 표현에도 최소공배수를 이용해요.

1 어느 기차역에서 수원행 기차는 12분마다, 전주행 기차는 30분마다 출발한다고 합니다. 두 기차가 동시에 출발했다면 바로 다음번에 동시에 출발하는 때는 몇 분 후인가요?

(분 후)

2 가로가 8 cm, 세로가 6 cm인 직사각형 모양의 도화지를 겹치지 않게 빈틈없이 늘어놓아 가장 작은 정사각형을 만들려고 합니다. 만들 수 있는 가장 작은 정사각형의 한 변의 길이는 몇 cm인가요?

(cm)

왼쪽 1, 2번과 같이 문제의 핵심 부분에 색칠하고,
문제를 풀어 보세요.

정답 7쪽

3 민재는 4일마다 도서관에 가고, 지은이는 6일마다 도서관에 갑니다. 오늘 민재와 지은이가 함께 도서관에 갔다면 바로 다음번에 두 사람이 함께 가는 날은 며칠 후인가요?

( )

4 주호와 진아는 공원을 일정한 빠르기로 걷고 있습니다. 주호는 5분마다, 진아는 6분마다 공원을 한 바퀴 돕니다. 두 사람이 출발점에서 같은 방향으로 동시에 출발했다면 바로 다음번에 출발점에서 만나는 때는 몇 분 후인가요?

( )

5 민서는 3일마다, 준하는 4일마다 음악 학원에 갑니다. 6월 1일에 두 사람이 함께 음악 학원에 갔다면 바로 다음번에 함께 음악 학원에 가는 날은 몇 월 며칠인가요?

( )

6 꽃 박람회는 4년마다, 도서 박람회는 5년마다 열립니다. 2023년에 꽃 박람회와 도서 박람회가 동시에 열렸다면 바로 다음번에 두 박람회가 동시에 열리는 해는 몇 년인가요?

( )

공부한 날짜 ____ 월 ____ 일

6일 마무리하기

26쪽

1 사탕 28개를 남김없이 똑같이 나누어 가질 수 있는 사람 수를 모두 찾아 ○표 하세요.

2명	3명	4명	6명
7명	10명	14명	21명

26쪽

2 공책 42권을 학생들에게 남김없이 똑같이 나누어 주려고 합니다. 공책을 똑같이 나누어 줄 수 있는 방법은 모두 몇 가지인가요?

(   )

28쪽

3 어느 정류장에서 공항 가는 버스가 오전 8시부터 15분 간격으로 출발합니다. 오전 9시까지 버스는 모두 몇 번 출발하나요?

(   )

28쪽

4 어느 광장의 시계에서 25분마다 음악이 나옵니다. 오후 1시에 음악이 나왔을 때, 오후 1시 10분부터 오후 2시까지 음악이 나오는 시각을 모두 구해 보세요.

(   )

정답 7쪽

30쪽

5 사탕 40개와 초콜릿 36개를 최대한 많은 사람에게 남김없이 똑같이 나누어 주려고 합니다. 최대 몇 명에게 나누어 줄 수 있나요?

( )

30쪽

6 세영이는 가로가 27 cm, 세로가 45 cm인 직사각형 모양의 종이를 똑같은 크기의 정사각형 모양 여러 개로 자르려고 합니다. 직사각형 모양 종이를 남는 부분없이 가장 큰 정사각형 모양으로 자르려면 정사각형의 한 변의 길이는 몇 cm로 해야 하나요?

( )

32쪽

7 재희는 6주에 한 번씩 봉사 활동을 하고, 윤미는 9주에 한 번씩 봉사 활동을 합니다. 이번 주 일요일에 두 사람이 동시에 봉사 활동을 했다면 바로 다음번에 두 사람이 동시에 봉사 활동을 할 때는 몇 주 후인가요?

( )

8 32쪽

도전 문제

가로가 15 cm, 세로가 18 cm인 직사각형 모양의 종이를 겹치지 않게 빈틈없이 늘어놓아 가장 작은 정사각형을 만들려고 합니다. 필요한 종이는 모두 몇 장인지 구해 보세요.

❶ 가장 작은 정사각형의 한 변의 길이

→ ( )

❷ 가로와 세로에 각각 놓이는 종이의 수

→ 가로 ( )

세로 ( )

❸ 필요한 종이의 수

→ ( )

3 규칙과 대응

준비

기본 문제로
문장제 준비하기

7일차

- 두 양 사이의 관계 알아보기
- 대응 관계를 식으로 나타내기 (1)

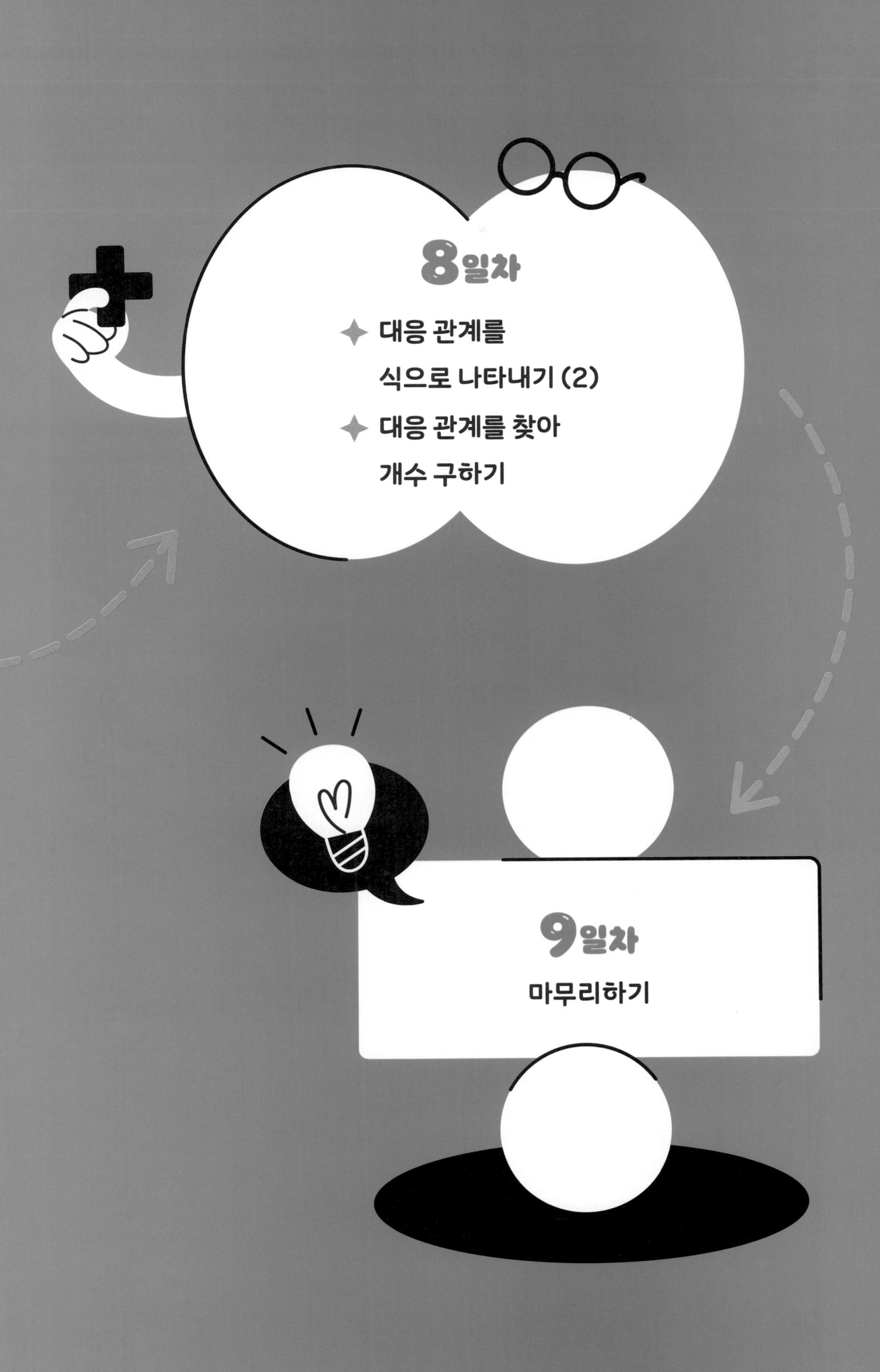
8일차
대응 관계를
식으로 나타내기 (2)
대응 관계를 찾아
개수 구하기
9일차
마무리하기

준비 기본 문제로 문장제 준비하기

◆ **원과 삼각형으로 규칙적인 배열을 만들고 있습니다. 물음에 답하세요.**

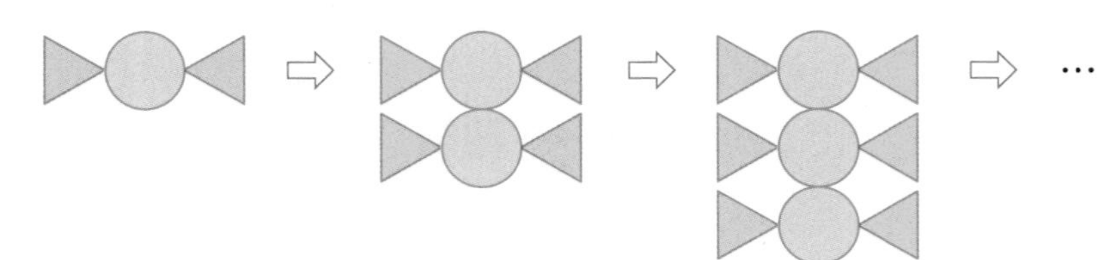

1 원의 수와 삼각형의 수가 어떻게 변하는지 표를 이용하여 알아보세요.

원의 수(개)	1	2	3	4	5	…
삼각형의 수(개)	2					…

2 원의 수와 삼각형의 수 사이의 대응 관계를 알아보려고 합니다. 알맞은 것에 ◯표 하세요.

- 원의 수를 (2배 하면 , 2로 나누면) 삼각형의 수와 같습니다.
- 삼각형의 수를 (2배 하면 , 2로 나누면) 원의 수와 같습니다.

3 원의 수와 삼각형의 수 사이의 관계를 생각하며 ☐ 안에 알맞은 수를 써넣으세요.

- 원이 6개일 때 필요한 삼각형의 수는 ☐개입니다.
- 원이 10개일 때 필요한 삼각형의 수는 ☐개입니다.

정답 8쪽

올해 현아의 나이는 12살이고, 동생의 나이는 9살입니다. 현아의 나이와 동생의 나이 사이의 대응 관계를 식으로 나타내려고 합니다. 물음에 답하세요.

4 현아의 나이와 동생의 나이 사이의 대응 관계를 표로 나타내어 보세요.

	올해	1년 후	2년 후	3년 후	…
현아의 나이(살)	12				…
동생의 나이(살)					…

5 알맞은 카드를 골라 표를 이용하여 알 수 있는 두 양 사이의 대응 관계를 식으로 나타내어 보세요.

현아의 나이 | 동생의 나이

$+$ $-$ $\times$ $\div$ $=$

2 3 4 5

☐ $-$ ☐ $=$ ☐

6 현아의 나이를 △, 동생의 나이를 ☆이라고 할 때, 두 양 사이의 대응 관계를 식으로 나타내어 보세요.

☐ = ☆ 또는 ☐ = △

공부한 날짜 월 일

7일 두 양 사이의 관계 알아보기

이것만 알자 두 양 사이의 대응 관계 → 표로 나타내기

예 오른쪽은 교실 환경 판에 학생들의 그림을 누름 못으로 이어 붙인 것입니다. 물음에 답하세요.

(1) 그림의 수가 1장씩 늘어나면 누름 못의 수는 어떻게 변하는지 표로 나타내어 보세요.

(2) 그림의 수와 누름 못의 수 사이의 대응 관계를 써 보세요.

답 (1)

그림의 수(장)	1	2	3	4	5	…
누름 못의 수(개)	2	3	4	5	6	…

+1, −1

(2) 예 누름 못의 수는 그림의 수보다 1만큼 더 큽니다.
또는 그림의 수는 누름 못의 수보다 1만큼 더 작습니다.

1 자전거 보관대에 두발자전거가 보관되어 있습니다. 물음에 답하세요.

(1) 두발자전거가 1대씩 늘어나면 바퀴의 수는 어떻게 변하는지 표로 나타내어 보세요.

자전거의 수(대)	1	2	3	4	5	…
바퀴의 수(개)	2					…

(2) 자전거의 수와 바퀴의 수 사이의 대응 관계를 써 보세요.

( )

왼쪽 1번과 같이 문제의 핵심 부분에 색칠하고,
문제를 풀어 보세요.

정답 8쪽

2 삼각형과 원으로 규칙적인 배열을 만들고 있습니다. 물음에 답하세요.

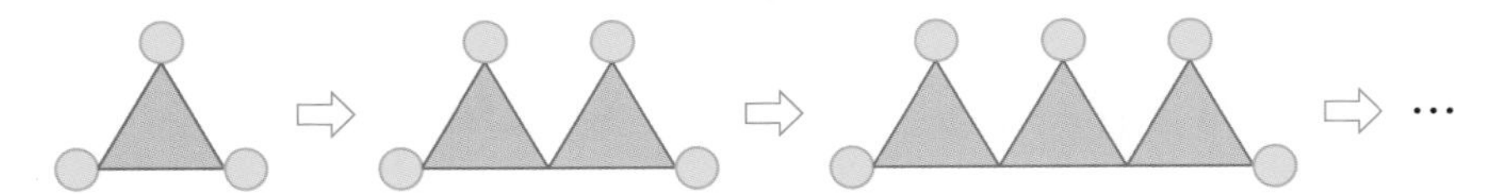

(1) 삼각형의 수가 1개씩 늘어나면 원의 수는 어떻게 변하는지 표로 나타내어 보세요.

삼각형의 수(개)	1	2				…
원의 수(개)	3					…

(2) 삼각형의 수와 원의 수 사이의 대응 관계를 써 보세요.

( )

3 육각형과 삼각형으로 규칙적인 배열을 만들고 있습니다. 물음에 답하세요.

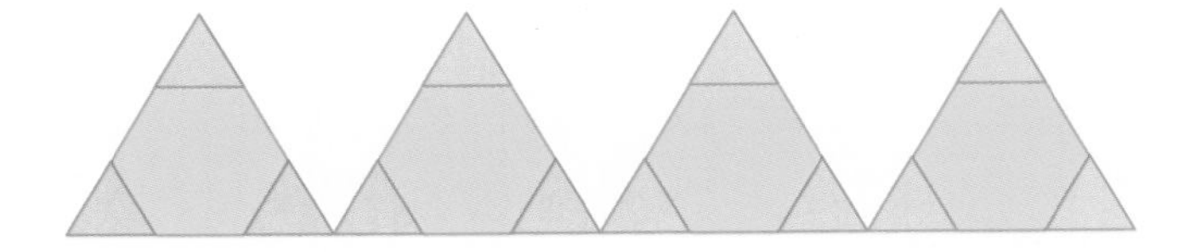

(1) 육각형의 수가 1개씩 늘어나면 삼각형의 수는 어떻게 변하는지 표로 나타내어 보세요.

육각형의 수(개)	1	2				…
삼각형의 수(개)	3					…

(2) 육각형의 수와 삼각형의 수 사이의 대응 관계를 써 보세요.

( )

7일 대응 관계를 식으로 나타내기(1)

이것만 알자

두 양 사이의 대응 관계를 식으로 나타내어
➔ 주어진 결괏값이 나오도록 식 완성하기

예 사각형의 꼭짓점은 4개입니다. 사각형의 수를 □, 꼭짓점의 수를 △라고 할 때, 두 양 사이의 대응 관계를 식으로 나타내어 보세요.

사각형의 수를 4배 하면 꼭짓점의 수와 같습니다.
⇨ (사각형의 수) × 4 = (꼭짓점의 수) ⇨ □ × 4 = △

답 □ × 4 = △

1 피자 한 판은 6조각입니다. 피자의 수를 ○, 피자 조각의 수를 ☆이라고 할 때, 두 양 사이의 대응 관계를 식으로 나타내어 보세요.

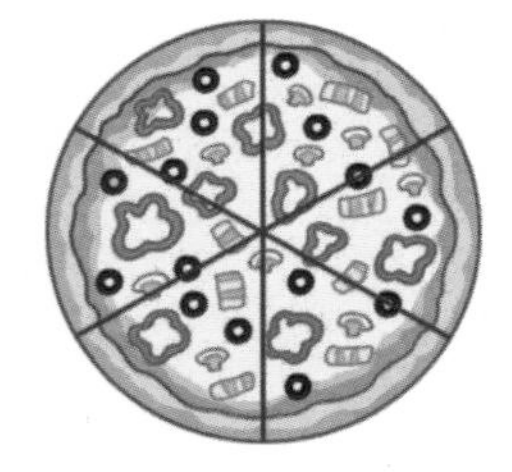

(　　　　　　　　　　)=☆

2 시우네 집에서 기르는 강아지는 태어난 지 5개월 되었고, 고양이는 태어난 지 3개월 되었습니다. 강아지의 개월 수를 □, 고양이의 개월 수를 △라고 할 때, 두 양 사이의 대응 관계를 식으로 나타내어 보세요.

(　　　　　　　　　　)=□

왼쪽 ①, ②번과 같이 문제의 핵심 부분에 색칠하고,
문제를 풀어 보세요.

정답 9쪽

③ 어느 박물관의 한 사람의 입장료는 3000원입니다. 입장한 사람의 수를 □, 입장료를 △라고 할 때, 두 양 사이의 대응 관계를 식으로 나타내어 보세요.

( )=△

④ 형과 동생이 저금통에 저금을 합니다. 형은 가지고 있던 500원을 먼저 저금했고, 두 사람은 내일부터 매일 100원씩 저금하기로 했습니다. 형이 모은 돈을 ○, 동생이 모은 돈을 ☆이라고 할 때, 두 양 사이의 대응 관계를 식으로 나타내어 보세요.

( )=☆

⑤ 1분에 15 L의 물이 나오는 수도꼭지가 있습니다. 물이 나오는 시간을 ○(분), 나오는 물의 양을 △(L)라고 할 때, 두 양 사이의 대응 관계를 식으로 나타내어 보세요.

( )=△

공부한 날짜 월 일

8일 대응 관계를 식으로 나타내기(2)

이것만 알자

두 양 사이의 대응 관계를 식으로 나타내기
→ 두 양을 각각 결괏값으로 하는 식 세우기

예 진영이는 가게에서 참외를 샀습니다. 한 봉지에는 참외가 3개씩 들어 있습니다. 봉지의 수를 □, 참외의 수를 △라고 할 때, 봉지의 수와 참외의 수 사이의 대응 관계를 식으로 나타내어 보세요.

(봉지의 수) × 3 = (참외의 수) ⇨ □ × 3 = △
(참외의 수) ÷ 3 = (봉지의 수) ⇨ △ ÷ 3 = □

답 □ × 3 = △ 또는 △ ÷ 3 = □

1 연필꽂이에 연필이 5자루씩 꽂혀 있습니다. 연필꽂이의 수를 ○, 연필의 수를 ☆이라고 할 때, 연필꽂이의 수와 연필의 수 사이의 대응 관계를 식으로 나타내어 보세요.

( )

2 극장에 다음과 같은 의자가 있습니다. 의자의 수를 □, 팔걸이의 수를 △라고 할 때, 의자의 수와 팔걸이의 수 사이의 대응 관계를 식으로 나타내어 보세요.

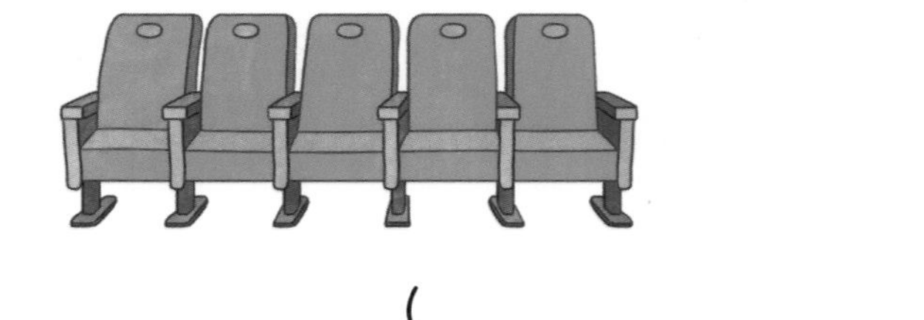

( )

왼쪽 ①, ②번과 같이 문제의 핵심 부분에 색칠하고, 문제를 풀어 보세요.

정답 9쪽

3 연필 1타는 12자루입니다. 연필의 타 수를 ○, 연필의 수를 ☆이라고 할 때, 연필의 타 수와 연필의 수 사이의 대응 관계를 식으로 나타내어 보세요.

( )

4 오른쪽 그림과 같은 방법으로 통나무를 자르려고 합니다. 자른 횟수를 ○, 나무 도막의 수를 △라고 할 때, 자른 횟수와 나무 도막의 수 사이의 대응 관계를 식으로 나타내어 보세요.

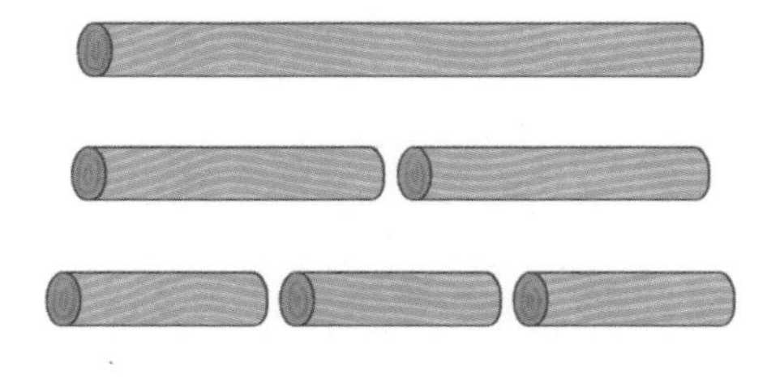

( )

5 희재가 말하면 지민이가 답하는 놀이를 하고 있습니다. 희재가 말한 수를 □, 지민이가 답한 수를 ☆이라고 할 때, 희재가 말한 수와 지민이가 답한 수 사이의 대응 관계를 식으로 나타내어 보세요.

10이면?
15.
8이면?
13.
14면?
19.
희재
지민

( )

8일 대응 관계를 찾아 개수 구하기

이것만 알자

구해야 할 것과 그에 대응하는 것의 관계를 식으로 나타내어 계산하기

예 유진이는 12살, 오빠는 16살입니다. 유진이가 20살이 될 때, 오빠는 몇 살이 되나요?

(유진이의 나이) + 4 = (오빠의 나이)이므로
오빠의 나이는 20 + 4 = 24(살)이 됩니다

답 24살

1 2023년에 윤아의 나이는 12살입니다. 윤아의 나이가 20살이 되는 연도는 몇 년인가요?

(년)

2 사각형 조각으로 규칙적인 배열을 만들고 있습니다. 열째에는 사각형 조각이 몇 개 필요한가요?

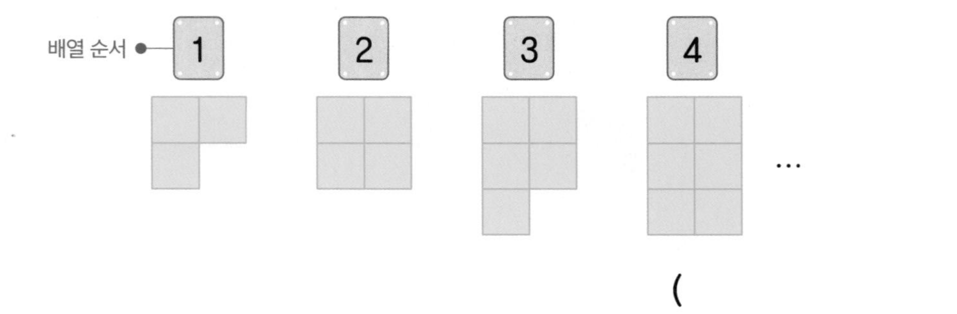

(개)

왼쪽 ①, ②번과 같이 문제의 핵심 부분에 색칠하고, 문제를 풀어 보세요.

정답 10쪽

3 만화 영화를 1초 동안 상영하려면 그림이 25장 필요합니다. 만화 영화를 20초 동안 상영하려면 그림은 몇 장 필요한가요?

(　　　　　　　　)

4 바둑돌로 규칙적인 배열을 만들고 있습니다. 검은색 바둑돌이 20개일 때, 흰색 바둑돌은 몇 개인가요?

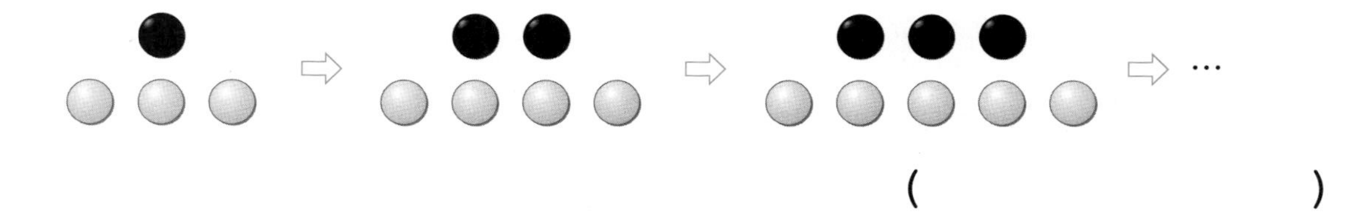

(　　　　　　　　)

5 성냥개비를 사용하여 다음과 같은 방법으로 탑을 쌓으려고 합니다. 8층까지 쌓으려면 성냥개비는 몇 개 필요한가요?

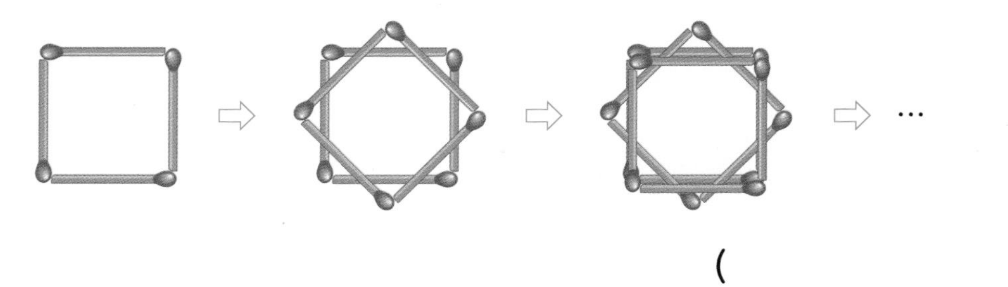

(　　　　　　　　)

9일 마무리하기

40쪽

1 철봉대의 수와 철봉 기둥의 수 사이의 대응 관계를 써 보세요.

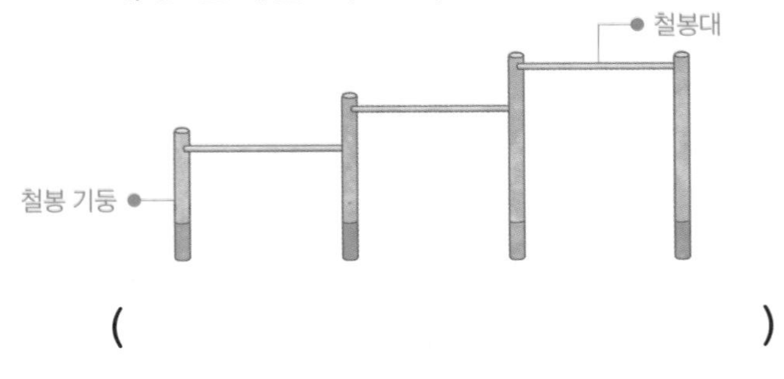

(   )

40쪽

2 사각형과 삼각형으로 규칙적인 배열을 만들고 있습니다. 사각형의 수와 삼각형의 수 사이의 대응 관계를 써 보세요.

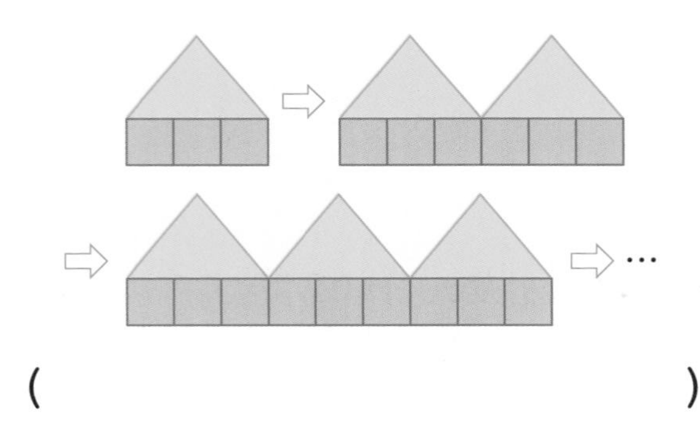

(   )

42쪽

3 한 모둠에 5명씩 앉아 있습니다. 모둠의 수를 △, 학생의 수를 ☆이라고 할 때, 모둠의 수와 학생의 수 사이의 대응 관계를 식으로 나타내어 보세요.

(   )=☆

42쪽

4 책상 한 개의 다리는 4개입니다. 책상의 수를 △, 다리의 수를 ○라고 할 때, 책상의 수와 다리의 수 사이의 대응 관계를 식으로 나타내어 보세요.

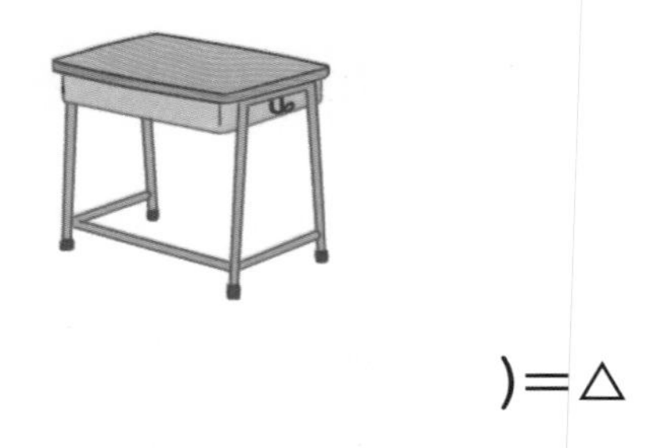

(   )=△

정답 10쪽

44쪽

5 잎이 3장인 클로버가 있습니다. 클로버의 수를 △, 잎의 수를 ☆이라고 할 때, 클로버의 수와 잎의 수 사이의 대응 관계를 식으로 나타내어 보세요.

( )

44쪽

6 1초에 25 m를 이동하는 버스가 있습니다. 버스의 이동 거리를 □(m), 걸린 시간을 ○(초)라고 할 때, 이동 거리와 걸린 시간 사이의 대응 관계를 식으로 나타내어 보세요.

( )

46쪽

7 점으로 규칙적인 배열을 만들고 있습니다. 15째에는 점이 몇 개 필요한가요?

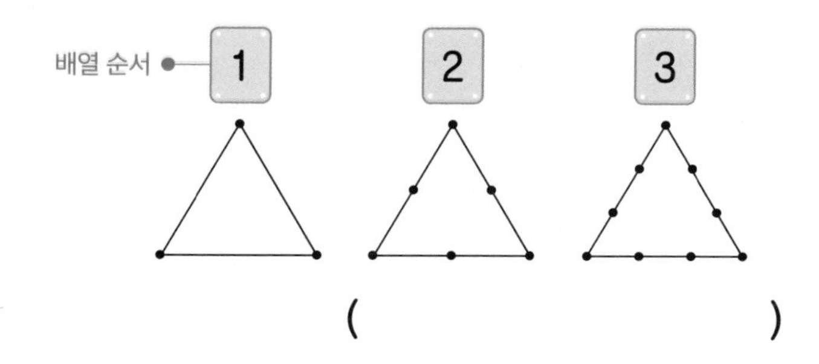

( )

8 46쪽 **도전 문제**

승현이가 통나무를 한 번 자르는 데 7분이 걸립니다. 통나무 1개를 9도막이 될 때까지 쉬지 않고 자른다면 몇 분이 걸리는지 구해 보세요.

❶ 9도막이 되려면 잘라야 하는 횟수

→ ( )

❷ 9도막이 되도록 자르는 데 걸리는 시간

→ ( )

4 약분과 통분

준비

기본 문제로
문장제 준비하기

10일차

- 크기가 같은 분수 만들기
- 기약분수로 나타내기

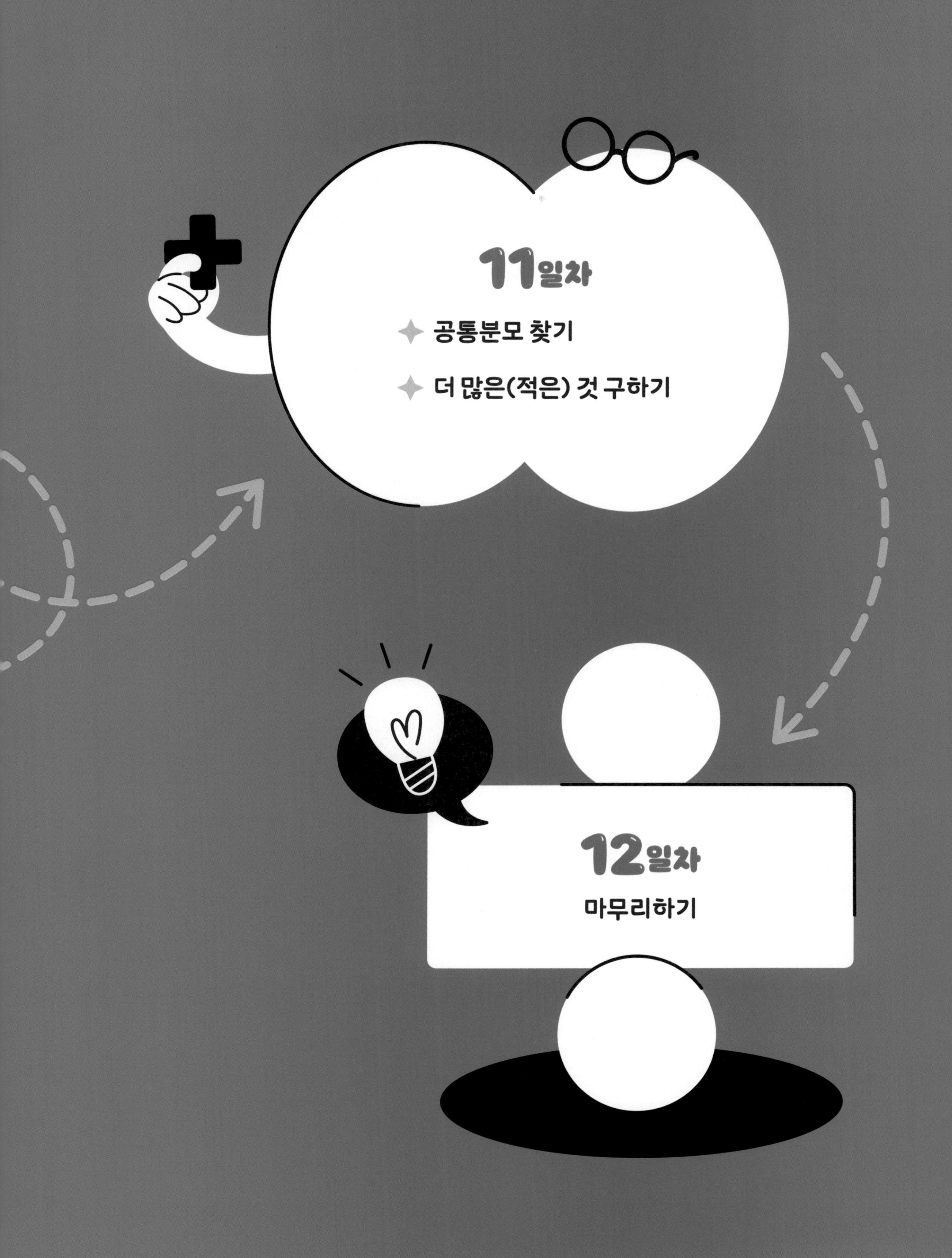
11일차
공통분모 찾기
더 많은(적은) 것 구하기
12일차
마무리하기

크기가 같은 분수를 구해 보세요.

1 $\frac{2}{3}=\frac{\boxed{4}}{6}=\frac{6}{\boxed{9}}=\frac{\boxed{8}}{12}$

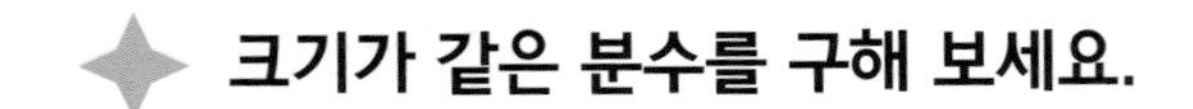

분모와 분자에 각각 0이 아닌 같은 수를 곱해요.

2 $\frac{7}{9}=\frac{\square}{18}=\frac{21}{\square}=\frac{\square}{36}$

3 $\frac{12}{18}=\frac{\boxed{6}}{9}=\frac{4}{\boxed{6}}=\frac{\boxed{2}}{3}$

분모와 분자를 각각 0이 아닌 같은 수로 나누어요.

4 $\frac{32}{40}=\frac{\square}{20}=\frac{8}{\square}=\frac{\square}{5}$

약분한 분수를 모두 써 보세요.

5 $\frac{12}{16}$

분모와 분자를 그들의 공약수로 나누어요.

($\frac{6}{8}$, $\frac{3}{4}$)

6 $\frac{18}{24}$

(　　　　　　　　)

7 $\frac{30}{50}$

(　　　　　　　　)

8 $\frac{40}{56}$

(　　　　　　　　)

정답 11쪽

분모의 최소공배수를 공통분모로 하여 통분해 보세요.

9 $\left(\frac{1}{2}, \frac{3}{5}\right)$ — 2와 5의 최소공배수는 10이에요.

⇨ $\left(\frac{5}{10}, \frac{6}{10}\right)$

10 $\left(\frac{2}{3}, \frac{6}{7}\right)$

⇨ (,)

11 $\left(\frac{5}{6}, \frac{3}{8}\right)$

⇨ (,)

12 $\left(\frac{4}{9}, \frac{7}{12}\right)$

⇨ (,)

두 분수의 크기를 비교하여 ◯ 안에 >, =, <를 알맞게 써넣으세요.

13 $\frac{4}{7}$ (<) $\frac{3}{5}$ — 분모를 통분하여 크기를 비교해요.

14 $\frac{5}{8}$ ◯ $\frac{2}{5}$

15 $\frac{3}{4}$ ◯ $\frac{13}{16}$

16 $\frac{9}{10}$ ◯ $\frac{11}{14}$

17 $\frac{8}{15}$ ◯ $\frac{9}{20}$

공부한 날짜 월 일

10일 크기가 같은 분수 만들기

이것만 알자

크기가 같은 분수 ➔ 분자와 분모에 각각 0이 아닌 같은 수를 곱하기(나누기)

예 $\frac{4}{7}$와 크기가 같은 분수를 분모가 작은 것부터 차례대로 3개 써 보세요.

$\frac{4}{7}$의 분모와 분자에 각각 0이 아닌 같은 수를 곱합니다.

$\frac{4}{7}=\frac{4\times 2}{7\times 2}=\frac{8}{14}$, $\frac{4}{7}=\frac{4\times 3}{7\times 3}=\frac{12}{21}$, $\frac{4}{7}=\frac{4\times 4}{7\times 4}=\frac{16}{28}$

답 $\frac{8}{14}$, $\frac{12}{21}$, $\frac{16}{28}$

1 $\frac{2}{5}$와 크기가 같은 분수를 분모가 작은 것부터 차례대로 3개 써 보세요.

( )

2 $\frac{16}{20}$과 크기가 같은 분수 중에서 분모가 20보다 작은 것을 모두 써 보세요.

( )

왼쪽 ①, ②번과 같이 문제의 핵심 부분에 색칠하고,
문제를 풀어 보세요.

정답 11쪽

③ $\frac{3}{8}$과 크기가 같은 분수를 분모가 작은 것부터 차례대로 3개 써 보세요.

( )

④ $\frac{24}{36}$와 크기가 같은 분수 중에서 분모가 6인 분수를 구해 보세요.

( )

⑤ $\frac{5}{9}$와 크기가 같은 분수 중에서 분모가 45인 분수를 구해 보세요.

( )

⑥ $\frac{3}{4}$과 크기가 같은 분수 중에서 분모와 분자의 합이 10보다 크고 30보다 작은 분수를 모두 구해 보세요.

( )

10일 기약분수로 나타내기

이것만 알자

기약분수로 나타내어
→ 더 이상 약분되지 않는 분수로 나타내기

예 귤 54개 중에서 18개를 먹었습니다. 먹은 귤 수는 전체 귤 수의 몇 분의 몇인지 기약분수로 나타내어 보세요.

$\frac{(\text{먹은 귤 수})}{(\text{전체 귤 수})} = \frac{18}{54}$

⇨ $\frac{18}{54}$을 기약분수로 나타내면 $\frac{18}{54} = \frac{18 \div 18}{54 \div 18} = \frac{1}{3}$입니다.

54와 18의 최대공약수

답 $\frac{1}{3}$

1 준호는 연필 45자루 중에서 20자루를 친구에게 주었습니다. 친구에게 준 연필 수는 전체 연필 수의 몇 분의 몇인지 기약분수로 나타내어 보세요.

( )

2 색종이 64장 중에서 40장으로 종이학을 만들었습니다. 남은 색종이 수는 전체 색종이 수의 몇 분의 몇인지 기약분수로 나타내어 보세요.

( )

왼쪽 ①, ②번과 같이 문제의 핵심 부분에 색칠하고, 문제를 풀어 보세요.

정답 12쪽

3 소희네 반 학생 28명 중에서 안경을 쓴 학생은 8명입니다. 소희네 반에서 안경을 쓰지 않은 학생 수는 전체 학생 수의 몇 분의 몇인지 기약분수로 나타내어 보세요.

( )

4 빨간색 튤립 12송이와 노란색 튤립 8송이로 꽃다발을 만들었습니다. 노란색 튤립 수는 전체 튤립 수의 몇 분의 몇인지 기약분수로 나타내어 보세요.

( )

5 상자 안에 흰색 골프공 15개와 노란색 골프공 30개가 있습니다. 노란색 골프공 수는 전체 골프공 수의 몇 분의 몇인지 기약분수로 나타내어 보세요.

( )

공부한 날짜 　　월 　　일

11일 공통분모 찾기

이것만 알자

두 분수의 공통분모가 될 수 있는 수
➔ 두 분모의 공배수 찾기

예 $\frac{5}{6}$와 $\frac{1}{10}$을 통분하려고 합니다. 공통분모가 될 수 있는 수 중에서 100보다 작은 수를 모두 찾아 써 보세요.

공통분모가 될 수 있는 수는 두 분모의 공배수입니다.
6과 10의 최소공배수는 30이므로 공배수는 30, 60, 90, 120…입니다.
이 중에서 100보다 작은 수는 30, 60, 90입니다.

2) 6 10
　 3 5 ⇨ 최소공배수: $2\times3\times5=30$

답 30, 60, 90

1 $\frac{3}{4}$과 $\frac{2}{3}$를 통분하려고 합니다. 공통분모가 될 수 있는 수 중에서 50보다 작은 수를 모두 찾아 써 보세요.

(　　　　　　　　)

2 $\frac{4}{9}$와 $\frac{5}{12}$를 통분하려고 합니다. 공통분모가 될 수 있는 수 중에서 100보다 작은 수를 모두 찾아 써 보세요.

(　　　　　　　　)

왼쪽 ①, ②번과 같이 문제의 핵심 부분에 색칠하고,
문제를 풀어 보세요.

정답 12쪽

③ $\frac{3}{8}$과 $\frac{1}{6}$을 통분하려고 합니다. 공통분모가 될 수 있는 수 중에서 100보다 작은 수는 모두 몇 개인가요?

( )

④ $\frac{2}{9}$와 $\frac{7}{15}$을 통분하려고 합니다. 공통분모가 될 수 있는 수 중에서 100에 가장 가까운 수를 써 보세요.

( )

⑤ 두 분수를 통분하려고 합니다. 공통분모가 될 수 있는 수 중에서 가장 작은 수를 구해 보세요.

$\left(\frac{9}{16}, \frac{5}{24}\right)$

( )

⑥ 두 분수를 통분하려고 합니다. 공통분모가 될 수 있는 수 중에서 50보다 크고 100보다 작은 수를 구해 보세요.

$\left(\frac{11}{12}, \frac{5}{18}\right)$

( )

11일 더 많은(적은) 것 구하기

이것만 알자

더 많은(적은) 것은?
→ 두 분수를 통분하여 더 큰(작은) 수 구하기

예 우유를 윤아는 $\frac{7}{12}$컵, 진수는 $\frac{3}{5}$컵 마셨습니다. 우유를 더 많이 마신 사람은 누구인가요?

두 분수를 통분하여 크기를 비교합니다.

$\left(\frac{7}{12}, \frac{3}{5}\right) \Rightarrow \left(\frac{35}{60}, \frac{36}{60}\right) \Rightarrow \underset{\text{윤아}}{\frac{7}{12}} < \underset{\text{진수}}{\frac{3}{5}}$

따라서 우유를 더 많이 마신 사람은 진수입니다.

답 진수

더 무거운, 더 먼, 더 긴
→ 더 큰 수를 구해요.
더 가벼운, 더 가까운, 더 짧은
→ 더 작은 수를 구해요.

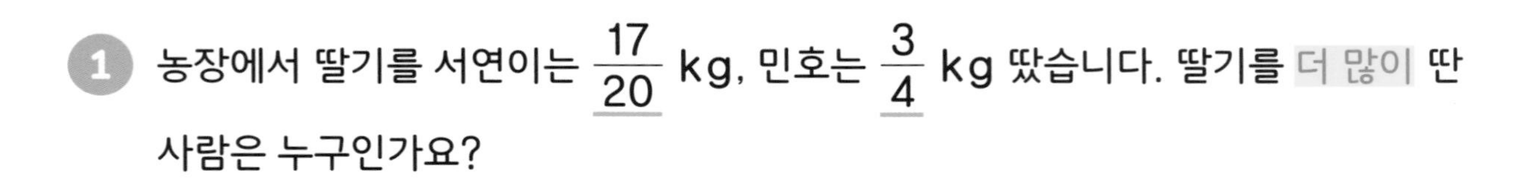

1 농장에서 딸기를 서연이는 $\frac{17}{20}$ kg, 민호는 $\frac{3}{4}$ kg 땄습니다. 딸기를 더 많이 딴 사람은 누구인가요?

( )

2 ㉮ 철사의 길이는 $\frac{2}{3}$ m, ㉯ 철사의 길이는 $\frac{5}{8}$ m입니다. ㉮와 ㉯ 철사 중 길이가 더 짧은 철사는 어느 것인가요?

( )

왼쪽 ①, ②번과 같이 문제의 핵심 부분에 색칠하고,
비교해야 하는 두 분수에 밑줄을 그어 문제를 풀어 보세요.

정답 13쪽

③ 사과의 무게는 $\frac{3}{10}$ kg, 오렌지의 무게는 $\frac{4}{15}$ kg입니다. 더 무거운 과일은 어느 것인가요?

( )

④ 학교에서 민서네 집까지의 거리는 $\frac{7}{9}$ km이고, 학교에서 준하네 집까지의 거리는 $\frac{5}{6}$ km입니다. 학교에서 더 가까운 곳은 누구네 집인가요?

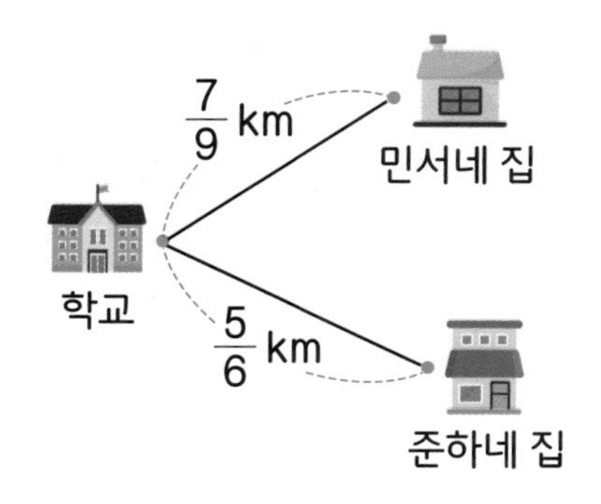

( )

⑤ 물이 주전자에는 $1\frac{13}{20}$ L 들어 있고, 물통에는 1.7 L 들어 있습니다. 물이 더 많이 들어 있는 것은 어느 것인가요?

( )

공부한 날짜 월 일

12일 마무리하기

54쪽

1 $\frac{6}{11}$과 크기가 같은 분수를 분모가 작은 것부터 차례대로 3개 써 보세요.

( )

54쪽

2 $\frac{3}{5}$과 크기가 같은 분수 중에서 분모와 분자의 합이 20보다 크고 30보다 작은 분수를 구해 보세요.

( )

56쪽

3 과수원에 있는 나무 75그루 중에서 사과나무가 36그루입니다. 사과나무 수는 전체 나무 수의 몇 분의 몇인지 기약분수로 나타내어 보세요.

( )

56쪽

4 지혜네 반 학급 문고에는 책이 132권 있습니다. 이 중에서 동화책이 72권이고 나머지는 모두 위인전입니다. 위인전 수는 전체 학급 문고 수의 몇 분의 몇인지 기약분수로 나타내어 보세요.

( )

정답 13쪽

58쪽

5 $\frac{6}{7}$과 $\frac{1}{3}$을 통분하려고 합니다. 공통분모가 될 수 있는 수 중에서 50보다 작은 수를 모두 찾아 써 보세요.

( )

58쪽

6 두 분수를 통분하려고 합니다. 공통분모가 될 수 있는 수 중에서 50보다 크고 100보다 작은 수를 구해 보세요.

$\left(\frac{7}{15}, \frac{1}{4}\right)$

( )

60쪽

7 가로가 $\frac{7}{9}$ m, 세로가 $\frac{6}{7}$ m인 직사각형이 있습니다. 이 직사각형의 가로와 세로 중 더 긴 변은 어느 것인가요?

( )

8 60쪽 도전 문제

㉮ 공의 무게는 $\frac{4}{5}$ kg, ㉯ 공의 무게는 $\frac{7}{12}$ kg, ㉰ 공의 무게는 $\frac{5}{9}$ kg입니다. 세 공 중에서 가장 가벼운 공은 어느 것인지 구해 보세요.

❶ ㉮ 공과 ㉯ 공의 무게 비교

㉮ 공 ○ ㉯ 공

❷ ㉯ 공과 ㉰ 공의 무게 비교

㉯ 공 ○ ㉰ 공

❸ 가장 가벼운 공

→ ( )

5 분수의 덧셈과 뺄셈

준비

계산으로
문장제 준비하기

14일차

- 남은 수 구하기
- 더 적은 수 구하기

13일차

- 모두 몇인지 구하기
- 더 많은 수 구하기

15일차

- 두 수를 비교하여 차 구하기
- 가장 큰 수와 가장 작은 수의 합(차) 구하기

16일차

- 덧셈식에서 어떤 수 구하기 (1), (2)
- 뺄셈식에서 어떤 수 구하기 (1), (2)

17일차

마무리하기

◆ **계산을 하여 기약분수로 나타내어 보세요.**

❶ $\frac{2}{7}+\frac{1}{4}=\frac{15}{28}$ — 두 분수를 통분한 다음 분모는 그대로 두고 분자끼리 더해요.

❷ $\frac{2}{3}+\frac{1}{5}=$

❸ $2\frac{5}{12}+\frac{3}{16}=$

❹ $4\frac{1}{2}+2\frac{1}{6}=$

❺ $5\frac{1}{5}+2\frac{1}{2}=$

❻ $\frac{5}{6}+\frac{7}{8}=$

❼ $\frac{1}{2}+\frac{5}{8}=$

❽ $1\frac{1}{6}+\frac{6}{7}=$

❾ $4\frac{3}{8}+2\frac{3}{4}=$

❿ $3\frac{3}{4}+1\frac{2}{5}=$

정답 14쪽

⑪ $\frac{5}{6}-\frac{5}{18}=\frac{5}{9}$ 두 분수를 통분한 다음 분모는 그대로 두고 분자끼리 빼요.

⑫ $\frac{3}{5}-\frac{2}{7}=$

⑬ $1\frac{2}{3}-\frac{1}{4}=$

⑭ $3\frac{4}{5}-\frac{7}{10}=$

⑮ $2\frac{1}{2}-1\frac{4}{9}=$

⑯ $2\frac{4}{15}-\frac{5}{9}=$

⑰ $3\frac{1}{5}-1\frac{1}{2}=$

⑱ $3\frac{1}{3}-1\frac{3}{4}=$

⑲ $4\frac{2}{5}-2\frac{5}{6}=$

⑳ $5\frac{1}{6}-2\frac{2}{9}=$

공부한 날짜 월 일

13일 모두 몇인지 구하기

이것만 알자 **모두 몇 개 → 두 수를 더하기**

예 냉장고에 사과 $\frac{2}{9}$ kg과 배 $\frac{2}{3}$ kg이 들어 있습니다. 냉장고에 들어 있는 사과와 배는 모두 몇 kg인가요?

(냉장고에 들어 있는 사과와 배의 무게)
= (냉장고에 들어 있는 사과의 무게) + (냉장고에 들어 있는 배의 무게)

식 $\frac{2}{9}+\frac{2}{3}=\frac{8}{9}$ 답 $\frac{8}{9}$ kg

1 도율이는 선물 상자를 묶는 데 파란색 끈 $\frac{5}{6}$ m와 노란색 끈 $\frac{3}{8}$ m를 사용했습니다. 도율이가 사용한 끈은 모두 몇 m인가요?

식 $\frac{5}{6}+\frac{3}{8}=\square$ 답 $\square$ m

파란색 끈의 길이 노란색 끈의 길이

2 음식물 쓰레기를 어제는 $\frac{3}{4}$ kg, 오늘은 $1\frac{1}{6}$ kg 버렸습니다. 어제와 오늘 버린 음식물 쓰레기는 모두 몇 kg인가요?

식  답 $\square$ kg

왼쪽 ①, ②번과 같이 문제의 핵심 부분에 색칠하고,
계산해야 하는 두 분수에 밑줄을 그어 문제를 풀어 보세요.

정답 14쪽

③ 민지는 달리기를 어제 $\frac{1}{2}$시간 동안 했고, 오늘 $\frac{7}{10}$시간 동안 했습니다. 민지가 어제와 오늘 달리기를 한 시간은 모두 몇 시간인가요?

식 ______________________ 답 ______________

④ 윤찬이와 수아는 농장에서 딸기를 땄습니다. 윤찬이는 $3\frac{2}{9}$ kg을 땄고, 수아는 $2\frac{6}{7}$ kg을 땄습니다. 두 사람이 딴 딸기는 모두 몇 kg인가요?

식 ______________________ 답 ______________

⑤ 파이를 만드는 데 밀가루는 $1\frac{9}{10}$컵, 버터는 $\frac{4}{5}$컵이 필요합니다. 파이를 만드는 데 필요한 밀가루와 버터는 모두 몇 컵인가요?

식 ______________________

답 ______________

13일 더 많은 수 구하기

이것만 알자 ■보다 ▲ 더 많이 ➔ ■+▲

예 어머니께서 양파를 $2\frac{7}{15}$ kg 사고, 감자는 양파보다 $1\frac{7}{10}$ kg 더 많이 샀습니다. 어머니께서 산 감자는 몇 kg인가요?

(어머니께서 산 감자의 양)

= (산 양파의 양) + $1\frac{7}{10}$

'더 오래', '더 깁니다'와 같은 표현이 있으면 덧셈식을 이용해요.

식 $2\frac{7}{15}+1\frac{7}{10}=4\frac{1}{6}$

답 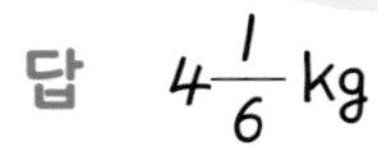

1 ㉮ 막대의 길이는 $1\frac{3}{4}$ m이고, ㉯ 막대는 ㉮ 막대보다 $1\frac{2}{3}$ m 더 깁니다. ㉯ 막대의 길이는 몇 m인가요?

식 $1\frac{3}{4}+1\frac{2}{3}=\square$

가 막대의 길이

답 $\square$ m

2 오늘 수학 공부를 희율이는 $\frac{7}{12}$시간 하였고, 지호는 희율이보다 $\frac{5}{8}$시간 더 오래 하였습니다. 지호가 수학 공부를 한 시간은 몇 시간인가요?

식 

답 $\square$ 시간

왼쪽 ❶, ❷번과 같이 문제의 핵심 부분에 색칠하고,
계산해야 하는 두 분수에 밑줄을 그어 문제를 풀어 보세요.

정답 15쪽

❸ 재형이는 우유를 오전에 $\frac{2}{5}$ L 마셨고, 오후에는 오전보다 $\frac{1}{2}$ L 더 많이 마셨습니다. 재형이가 오후에 마신 우유는 몇 L인가요?

식 ______________________ 답 ______________

❹ 도준이는 체험 농장에서 오이를 $1\frac{4}{5}$ kg 땄고, 고추는 오이보다 $\frac{2}{3}$ kg 더 많이 땄습니다. 도준이가 딴 고추는 몇 kg인가요?

식 ______________________ 답 ______________

❺ 예서는 동영상을 $\frac{3}{10}$시간 동안 시청했고, 아버지는 예서보다 $\frac{1}{6}$시간 더 오래 시청했습니다. 아버지께서 동영상을 시청한 시간은 몇 시간인가요?

식 ______________________

답 ______________

공부한 날짜 월 일

14일 남은 수 구하기

이것만 알자

~하고 남은 것은 몇 개
➔ (처음에 있던 수) − (없어진 수)

예 민서는 식혜 $4\frac{3}{7}$ L 중에서 $2\frac{9}{14}$ L를 이웃집에 나누어 주었습니다. 남은 식혜는 몇 L인가요?

(남은 식혜의 양)
= (처음에 있던 식혜의 양)
− (이웃집에 나누어 준 식혜의 양)

‘사용하고 남은’, ‘마시고 남은’과 같은 표현이 있으면 뺄셈식을 이용해요.

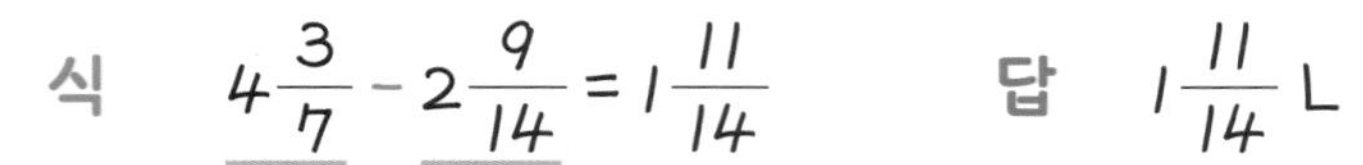

식 $4\frac{3}{7}-2\frac{9}{14}=1\frac{11}{14}$ 답 $1\frac{11}{14}$ L

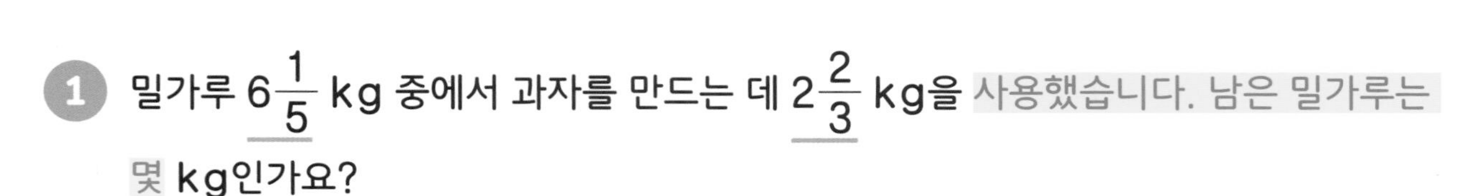

1 밀가루 $6\frac{1}{5}$ kg 중에서 과자를 만드는 데 $2\frac{2}{3}$ kg을 사용했습니다. 남은 밀가루는 몇 kg인가요?

식 $6\frac{1}{5}-2\frac{2}{3}=\square$

처음에 있던 밀가루의 양 / 과자를 만드는 데 사용한 밀가루의 양

답 $\square$ kg

2 은효네 반 친구들이 음료수 $4\frac{2}{7}$ L 중에서 $1\frac{1}{3}$ L를 마셨습니다. 남은 음료수의 양은 몇 L인가요?

식 $\square-\square=\square$

답 $\square$ L

왼쪽 ❶, ❷번과 같이 문제의 핵심 부분에 색칠하고,
계산해야 하는 두 분수에 밑줄을 그어 문제를 풀어 보세요.

정답 15쪽

3 식용유 $\frac{11}{12}$ L 중에서 튀김을 만드는 데 $\frac{9}{16}$ L를 사용했습니다. 남은 식용유는 몇 L인가요?

식 ____________________

답 ____________

4 설탕 $2\frac{1}{3}$ kg 중에서 불고기를 만드는 데 $1\frac{1}{8}$ kg을 사용했습니다. 남은 설탕은 몇 kg인가요?

식 ____________________ 답 ____________

5 지율이는 미술 시간에 색 테이프 $11\frac{1}{5}$ m 중에서 $5\frac{7}{8}$ m를 사용했습니다. 남은 색 테이프는 몇 m인가요?

식 ____________________ 답 ____________

14일 더 적은 수 구하기

이것만 알자 ■보다 ▲ 더 적게 → ■ − ▲

예 미술 시간에 색종이를 석훈이는 $8\frac{4}{5}$장 사용했고, 은비는 석훈이보다 $1\frac{2}{15}$장 더 적게 사용했습니다. 은비가 사용한 색종이는 몇 장인가요?

(은비)가 사용한 색종이의 수)

= (석훈이가 사용한 색종이의 수) − $1\frac{2}{15}$

식 $8\frac{4}{5} - 1\frac{2}{15} = 7\frac{2}{3}$ 답 $7\frac{2}{3}$장

1 물을 수빈이는 $3\frac{3}{20}$컵 마셨고, 정후는 수빈이보다 $1\frac{2}{5}$컵 더 적게 마셨습니다. 정후가 마신 물은 몇 컵인가요?

식 $3\frac{3}{20} - 1\frac{2}{5} = \square$ 답 $\square$컵

수빈이가 마신 물의 양

2 같은 양의 물이 담긴 두 비커 ㉮와 ㉯가 있습니다. 소금을 ㉮ 비커에는 $\frac{5}{6}$ g, ㉯ 비커에는 ㉮ 비커보다 $\frac{3}{5}$ g 더 적게 넣어 소금물을 만들었습니다. ㉯ 비커에 넣은 소금의 양은 몇 g인가요?

식 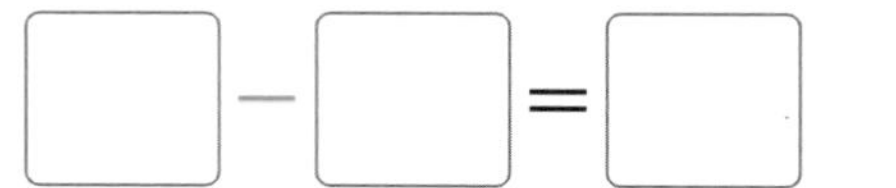 답 $\square$ g

왼쪽 ①, ②번과 같이 문제의 핵심 부분에 색칠하고,
계산해야 하는 두 분수에 밑줄을 그어 문제를 풀어 보세요.

정답 16쪽

③ 가방을 만드는 데 파란색 실은 $2\frac{3}{7}$ m 사용했고, 연두색 실은 파란색 실보다 $\frac{2}{9}$ m 더 적게 사용했습니다. 연두색 실은 몇 m 사용했나요?

식 ______________________ 답 ____________

④ 어머니께서 김치를 담그는 데 배추는 $3\frac{5}{12}$ kg 준비했고, 무는 배추보다 $1\frac{1}{8}$ kg 더 적게 준비했습니다. 준비한 무는 몇 kg인가요?

식 ______________________ 답 ____________

⑤ ㉠ 끈의 길이는 $4\frac{1}{3}$ m이고, ㉡ 끈의 길이는 ㉠ 끈의 길이보다 $1\frac{1}{2}$ m 더 짧습니다. ㉡ 끈의 길이는 몇 m인가요?

식 ______________________ 답 ____________

15일 두 수를 비교하여 차 구하기

이것만 알자 ■는 ▲보다 몇 개 더 많은(적은)가? ➔ ■−▲

예 오렌지 주스를 민지네 모둠은 $4\frac{5}{6}$ L, 서진이네 모둠은 $3\frac{3}{8}$ L 마셨습니다. 민지네 모둠은 서진이네 모둠보다 오렌지 주스를 몇 L 더 많이 마셨나요?

(민지네 모둠이 마신 오렌지 주스의 양) − (서진이네 모둠이 마신 오렌지 주스의 양)

식 $4\frac{5}{6}-3\frac{3}{8}=1\frac{11}{24}$　　답 $1\frac{11}{24}$ L

1 미술 시간에 꾸미기를 하는 데 예리는 색종이를 $4\frac{3}{10}$장, 성수는 $3\frac{8}{15}$장 사용했습니다. 예리는 성수보다 색종이를 몇 장 더 많이 사용했나요?

식 $4\frac{3}{10}-3\frac{8}{15}=\square$　　답 $\square$장

예리가 사용한 색종이의 양 / 성수가 사용한 색종이의 양

2 지수의 책가방 무게는 성빈이의 책가방 무게보다 몇 kg 더 무겁나요?

지수의 책가방: $3\frac{4}{5}$ kg

성빈이의 책가방: $2\frac{8}{9}$ kg

식  $\square-\square=\square$　　답 $\square$ kg

왼쪽 ①, ②번과 같이 문제의 핵심 부분에 색칠하고,
계산해야 하는 두 분수에 밑줄을 그어 문제를 풀어 보세요.

정답 16쪽

③ 소미는 빨간색 물감을 $\frac{6}{7}$ L, 노란색 물감을 $\frac{1}{2}$ L 사용하여 그림을 그렸습니다.
빨간색 물감을 노란색 물감보다 몇 L 더 많이 사용했나요?

식 ________________ **답** ________________

④ 직사각형의 가로는 세로보다 몇 cm 더 긴가요?

$\frac{3}{4}$ cm

$\frac{9}{10}$ cm

식 ________________

답 ________________

⑤ 수지네 가족은 체험 농장에서 고추 $1\frac{11}{12}$ kg과 상추 $3\frac{5}{8}$ kg을 땄습니다.
상추를 고추보다 몇 kg 더 많이 땄나요?

식 ________________ **답** ________________

15일

가장 큰 수와 가장 작은 수의 합(차) 구하기

이것만 알자

가장 큰 수와 가장 작은 수의 합

→ 통분했을 때 (분자가 가장 큰 수)+(분자가 가장 작은 수)

예 가장 큰 수와 가장 작은 수의 합을 구해 보세요.

$\frac{7}{10}$ $\frac{3}{5}$ $\frac{8}{15}$

$\frac{7}{10}=\frac{21}{30}$, $\frac{3}{5}=\frac{18}{30}$, $\frac{8}{15}=\frac{16}{30}$

⇨ 가장 큰 수는 $\frac{7}{10}$, 가장 작은 수는 $\frac{8}{15}$입니다.

식 $\frac{7}{10}+\frac{8}{15}=1\frac{7}{30}$ 답 $1\frac{7}{30}$

가장 큰 수와 가장 작은 수의 차를 구할 때는 통분했을 때 (분자가 가장 큰 수) −(분자가 가장 작은 수)를 구해요.

1 가장 큰 수와 가장 작은 수의 합을 구해 보세요.

$3\frac{8}{9}$ $3\frac{1}{6}$ $3\frac{7}{8}$

식 $3\frac{8}{9}+3\frac{1}{6}=$ ☐ 답 ☐

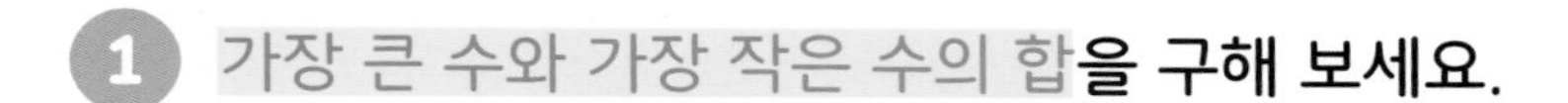

2 가장 큰 수와 가장 작은 수의 차를 구해 보세요.

$3\frac{1}{8}$ $4\frac{4}{5}$ $1\frac{9}{20}$

식 ☐ − ☐ = ☐ 답 ☐

왼쪽 1, 2번과 같이 문제의 핵심 부분에 색칠하고, 문제를 풀어 보세요.

정답 17쪽

3 가장 큰 수와 가장 작은 수의 합을 구해 보세요.

$\frac{3}{4}$ $\frac{9}{10}$ $\frac{4}{5}$

식

답

4 가장 큰 수와 가장 작은 수의 차를 구해 보세요.

$2\frac{5}{6}$ $4\frac{1}{2}$ $3\frac{3}{8}$

식

답

5 가장 큰 수와 가장 작은 수의 차를 구해 보세요.

$2\frac{7}{16}$ $2\frac{7}{12}$ $2\frac{7}{8}$

식

답

공부한 날짜 월 일

16일 덧셈식에서 어떤 수 구하기(1)

이것만 알자

어떤 수(□)에 ▲를 더했더니 ● → □+▲=●

뺄셈식으로 나타내면 → ●−▲=□

예 어떤 수에 $4\frac{5}{8}$를 더했더니 $6\frac{1}{2}$이 되었습니다. 어떤 수는 얼마인가요?

① 어떤 수를 □라 하여 덧셈식을 만듭니다. $\square + 4\frac{5}{8} = 6\frac{1}{2}$

② 덧셈식을 뺄셈식으로 나타내어 어떤 수를 구합니다.

$\square + 4\frac{5}{8} = 6\frac{1}{2}$ ⇨ $6\frac{1}{2} - 4\frac{5}{8} = \square$, $\square = 1\frac{7}{8}$

답 $1\frac{7}{8}$

1 어떤 수에 $\frac{11}{16}$을 더했더니 $\frac{11}{12}$이 되었습니다. 어떤 수는 얼마인가요?

풀이

어떤 수

$■ + \frac{11}{16} = \frac{11}{12}$

⇨ $■ = \square - \frac{11}{16} = \square$

답

2 어떤 수에 $1\frac{2}{9}$를 더했더니 $2\frac{3}{5}$이 되었습니다. 어떤 수는 얼마인가요?

풀이

어떤 수

$■ + 1\frac{2}{9} = \square$

⇨ $■ = \square - \square = \square$

답

덧셈식에서 어떤 수 구하기(2)

정답 17쪽

이것만 알자

▲에 어떤 수(□)를 더했더니 ● ➔ ▲+□=●

뺄셈식으로 나타내면 ➔ ●−▲=□

예 $\frac{1}{6}$에 어떤 수를 더했더니 $\frac{7}{10}$이 되었습니다. 어떤 수는 얼마인가요?

❶ 어떤 수를 □라 하여 덧셈식을 만듭니다. $\frac{1}{6}+\square=\frac{7}{10}$

❷ 덧셈식을 뺄셈식으로 나타내어 어떤 수를 구합니다.

$\frac{1}{6}+\square=\frac{7}{10}$ ⇨ $\frac{7}{10}-\frac{1}{6}=\square$, $\square=\frac{8}{15}$

답 $\frac{8}{15}$

1 $2\frac{1}{4}$에 어떤 수를 더했더니 $6\frac{3}{7}$이 되었습니다. 어떤 수는 얼마인가요?

풀이

어떤 수

$2\frac{1}{4}+■=6\frac{3}{7}$

⇨ $■=\square-2\frac{1}{4}=\square$

답

2 $3\frac{1}{3}$에 어떤 수를 더했더니 $5\frac{1}{12}$이 되었습니다. 어떤 수는 얼마인가요?

풀이

어떤 수

$3\frac{1}{3}+■=\square$

⇨ $■=\square-3\frac{1}{3}=\square$

답

16일

뺄셈식에서 어떤 수 구하기(1)

이것만 알자

어떤 수(□)에서 ▲를 뺐더니 ● ➔ □−▲=●
덧셈식으로 나타내면 ➔ ●+▲=□

예 어떤 수에서 $1\frac{3}{8}$을 뺐더니 $1\frac{1}{3}$이 되었습니다. 어떤 수는 얼마인가요?

❶ 어떤 수를 □라 하여 뺄셈식을 만듭니다. $\square - 1\frac{3}{8} = 1\frac{1}{3}$

❷ 뺄셈식을 덧셈식으로 나타내어 어떤 수를 구합니다.

$\square - 1\frac{3}{8} = 1\frac{1}{3}$ ⇨ $1\frac{1}{3} + 1\frac{3}{8} = \square$, $\square = 2\frac{17}{24}$

답 $2\frac{17}{24}$

1 어떤 수에서 $1\frac{1}{2}$을 뺐더니 $3\frac{3}{5}$이 되었습니다. 어떤 수는 얼마인가요?

풀이

어떤 수

$■ - 1\frac{1}{2} = 3\frac{3}{5}$

⇨ $■ = \square + 1\frac{1}{2} = \square$

답

2 어떤 수에서 $1\frac{4}{7}$를 뺐더니 $\frac{3}{4}$이 되었습니다. 어떤 수는 얼마인가요?

풀이

어떤 수

$■ - 1\frac{4}{7} = \square$

⇨ $■ = \square + \square = \square$

답

뺄셈식에서 어떤 수 구하기(2)

정답 18쪽

이것만 알자

▲에서 어떤 수(□)를 뺐더니 ● → ▲−□=●
다른 뺄셈식으로 나타내면 → ▲−●=□

예 $\frac{8}{9}$에서 어떤 수를 뺐더니 $\frac{1}{3}$이 되었습니다. 어떤 수는 얼마인가요?

❶ 어떤 수를 □라 하여 뺄셈식을 만듭니다. $\frac{8}{9}-\square=\frac{1}{3}$

❷ 뺄셈식을 다른 뺄셈식으로 나타내어 어떤 수를 구합니다.

$\frac{8}{9}-\square=\frac{1}{3}$ ⇨ $\frac{8}{9}-\frac{1}{3}=\square$, $\square=\frac{5}{9}$

답 $\frac{5}{9}$

1 $3\frac{5}{6}$에서 어떤 수를 뺐더니 $1\frac{11}{21}$이 되었습니다. 어떤 수는 얼마인가요?

풀이

$3\frac{5}{6}-\blacksquare=1\frac{11}{21}$ (■: 어떤 수)

⇨ $\blacksquare=3\frac{5}{6}-\square=\square$

답 ______

2 $2\frac{1}{2}$에서 어떤 수를 뺐더니 $1\frac{6}{7}$이 되었습니다. 어떤 수는 얼마인가요?

풀이

$2\frac{1}{2}-\blacksquare=\square$ (■: 어떤 수)

⇨ $\blacksquare=2\frac{1}{2}-\square=\square$

답 ______

17일 마무리하기

68쪽

1 노란색 페인트 $\frac{6}{7}$ L와 빨간색 페인트 $1\frac{1}{11}$ L를 섞어 주황색 페인트를 만들었습니다. 만든 주황색 페인트는 모두 몇 L인가요?

( )

70쪽

2 꽃밭 전체의 $\frac{2}{5}$에는 라벤더를 심고, 튤립은 라벤더보다 전체의 $\frac{1}{6}$만큼 더 많이 심었습니다. 튤립을 심은 부분은 꽃밭 전체의 몇 분의 몇인가요?

( )

72쪽

3 재욱이는 밀가루 $5\frac{1}{6}$컵 중에서 빵을 만드는 데 $2\frac{3}{4}$컵을 사용했습니다. 남은 밀가루는 몇 컵인가요?

( )

74쪽

4 직사각형의 세로는 가로보다 $\frac{8}{9}$ cm 더 짧습니다. 세로는 몇 cm인가요?

$2\frac{1}{3}$ cm

( )

정답 18쪽

76쪽

5 집에서 청소년 수련관과 체육관 중 어느 곳이 몇 km 더 가까운가요?

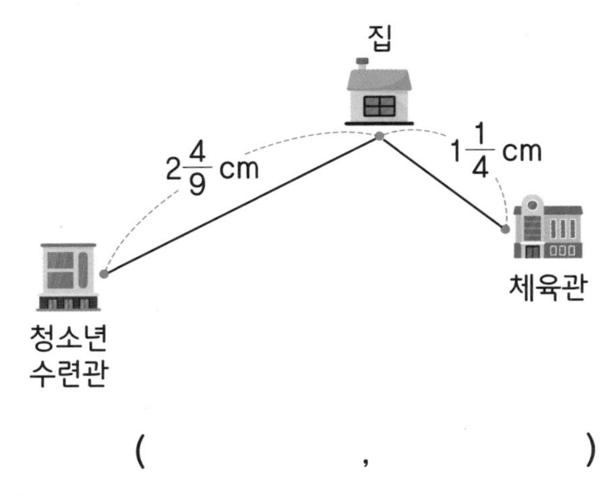

(,)

78쪽

6 가장 큰 수와 가장 작은 수의 차를 구해 보세요.

$5\frac{7}{12}$ $5\frac{1}{3}$ $5\frac{1}{6}$

( )

80쪽

7 어떤 수에 $2\frac{7}{15}$을 더했더니 $6\frac{3}{10}$이 되었습니다. 어떤 수는 얼마인가요?

( )

8 82쪽 도전 문제

어떤 수에 $1\frac{5}{8}$를 더해야 할 것을 잘못하여 뺐더니 $2\frac{1}{16}$이 되었습니다. 바르게 계산한 값은 얼마인지 구해 보세요.

❶ 어떤 수

→ ( )

❷ 바르게 계산한 값

→ ( )

6 다각형의 둘레와 넓이

준비

기본 문제로
문장제 준비하기

18일차

✦ 정다각형의 둘레 구하기

✦ 직사각형, 평행사변형,
마름모의 둘레 구하기

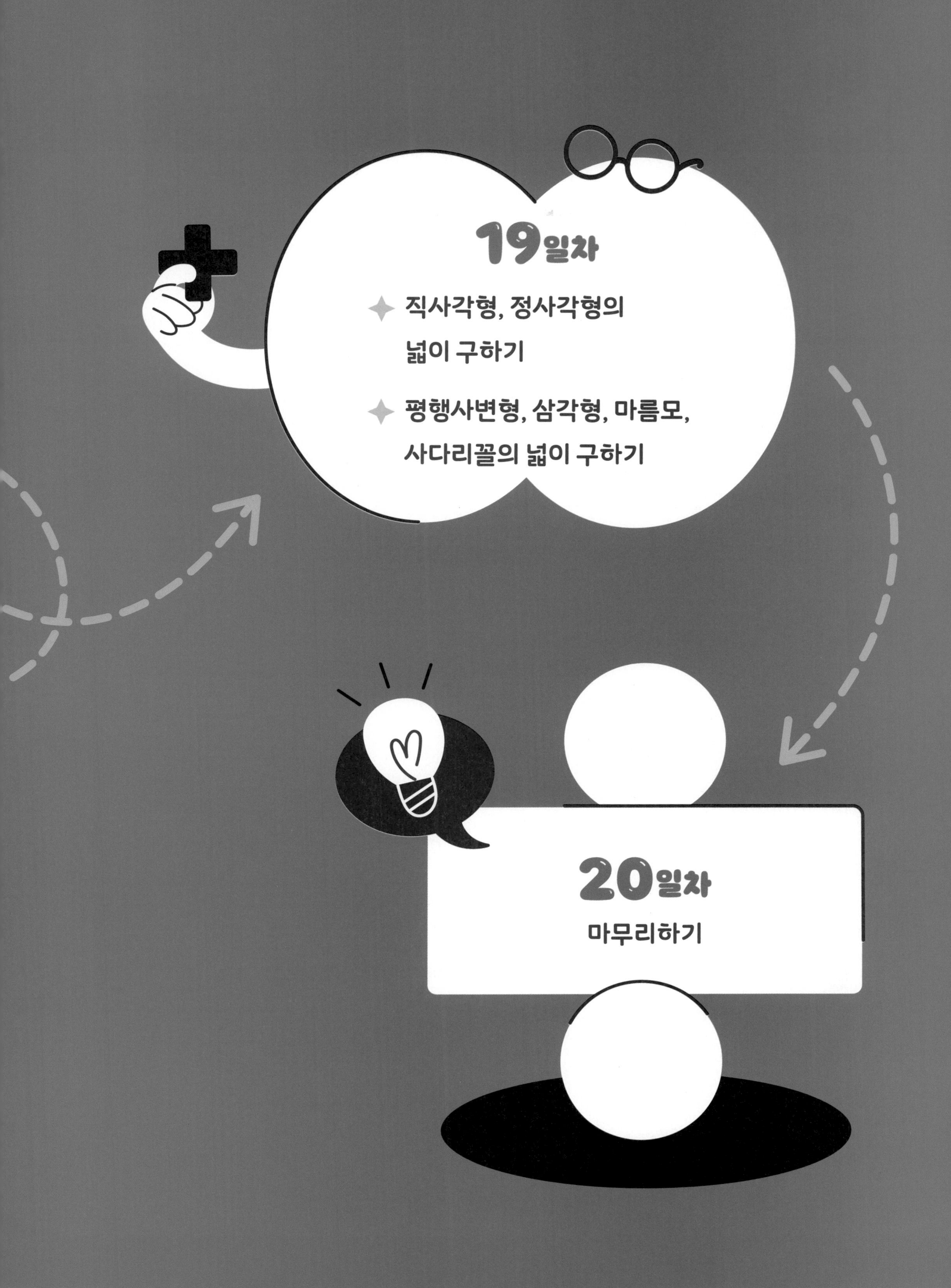
19일차
직사각형, 정사각형의
넓이 구하기
평행사변형, 삼각형, 마름모,
사다리꼴의 넓이 구하기
20일차
마무리하기

1 정오각형의 둘레를 구하려고 합니다. □ 안에 알맞은 수를 써넣으세요.

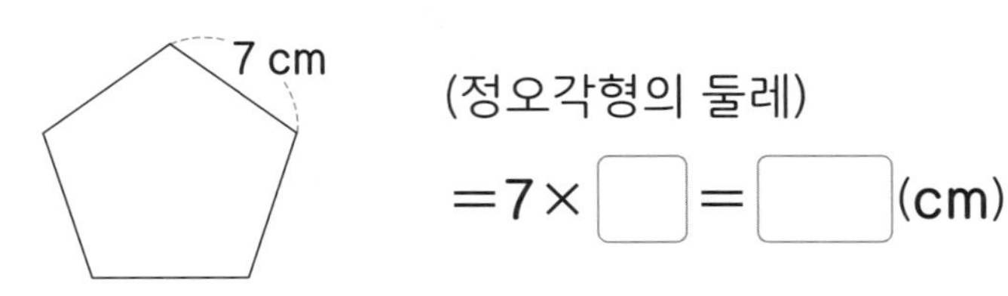

2 직사각형의 둘레를 구하려고 합니다. □ 안에 알맞은 수를 써넣으세요.

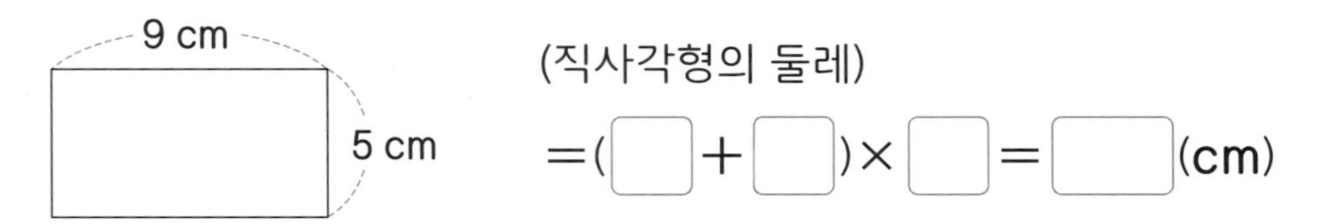

3 □ 안에 알맞은 수를 써넣으세요.

(1) $60000\ cm^2$=□ m^2 (2) $9\ km^2$=□ m^2

4 정사각형의 넓이를 구하려고 합니다. □ 안에 알맞은 수를 써넣으세요.

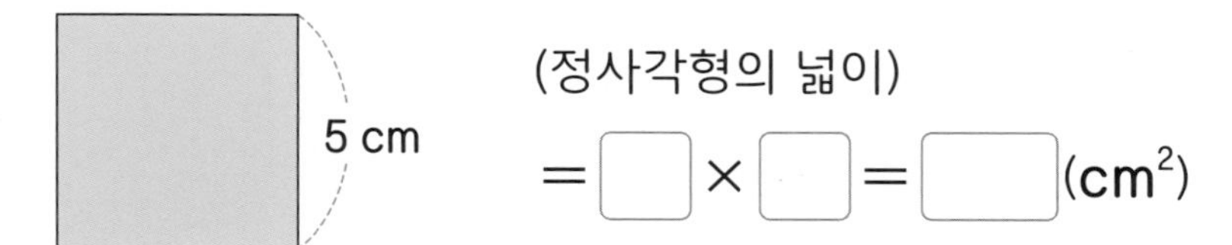

정답 19쪽

5 평행사변형의 넓이를 구하려고 합니다. □ 안에 알맞은 수를 써넣으세요.

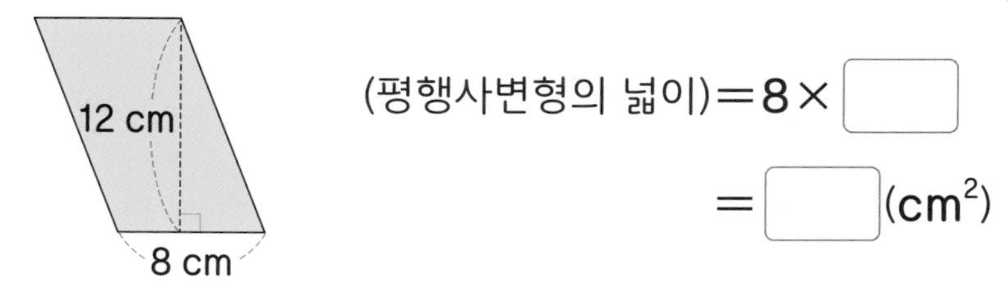

6 삼각형의 넓이를 구하려고 합니다. □ 안에 알맞은 수를 써넣으세요.

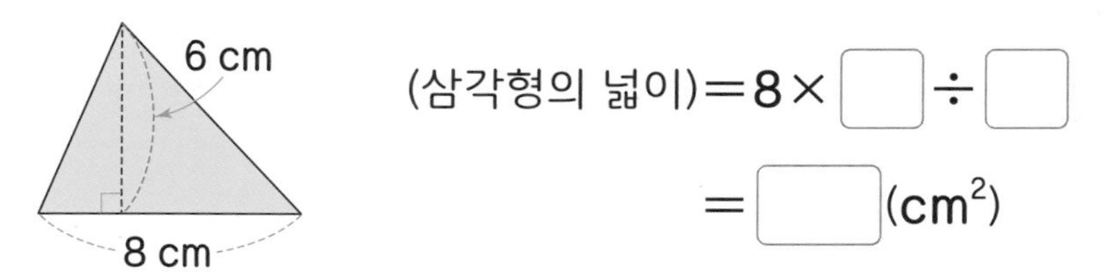

7 오른쪽 그림과 같이 직사각형 안에 마름모를 그렸습니다. 이 마름모의 넓이는 몇 cm^2인가요?

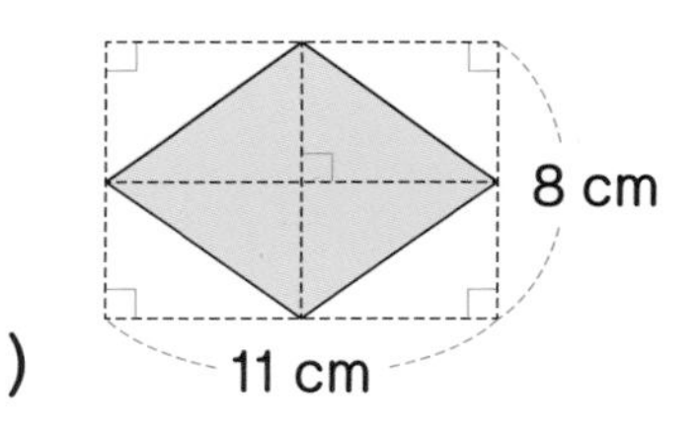

(　　　　　　　　)

8 사다리꼴의 넓이는 몇 cm^2인가요?

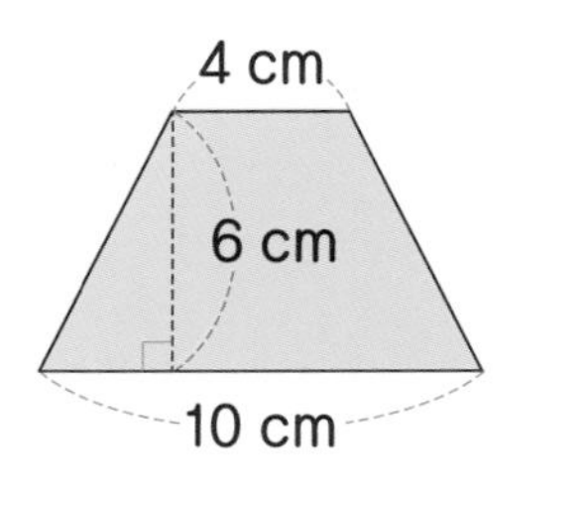

(　　　　　　　　)

18일 정다각형의 둘레 구하기

이것만 알자 (정다각형의 둘레)=(한 변의 길이)×(변의 수)

예 한 변의 길이가 6 cm인 정사각형의 둘레는 몇 cm인가요?

정사각형은 길이가 같은 변이 4개 있습니다.
⇨ (정사각형의 둘레) = (한 변의 길이) × 4

식 $6 \times 4 = 24$ 답 24 cm

1 한 변의 길이가 4 cm인 정삼각형의 둘레는 몇 cm인가요?

식 $4 \times 3 = \square$ 답 □ cm

(4: 한 변의 길이, 3: 변의 수)

2 정오각형의 둘레는 몇 cm인가요?

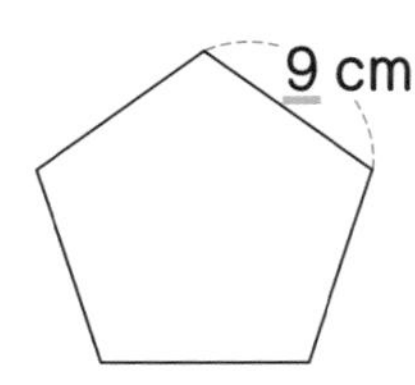

식 $\square \times \square = \square$ 답 □ cm

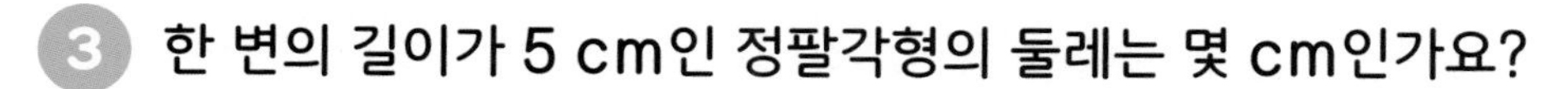
왼쪽 ①, ②번과 같이 문제의 핵심 부분에 색칠하고,
계산해야 하는 수에 밑줄을 그어 문제를 풀어 보세요.

정답 19쪽

3 한 변의 길이가 5 cm인 정팔각형의 둘레는 몇 cm인가요?

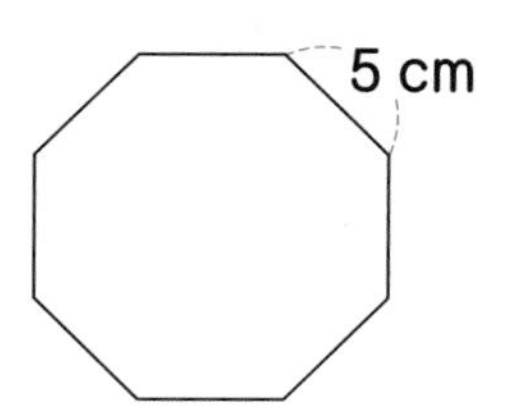

식

답

4 한 변의 길이가 10 cm인 정칠각형의 둘레는 몇 cm인가요?

식

답

5 태권도 경기장은 한 변의 길이가 8 m인 정사각형 모양입니다.
태권도 경기장의 둘레는 몇 m인가요?

식

답

18일 직사각형, 평행사변형, 마름모의 둘레 구하기

이것만 알자

(직사각형의 둘레)=(가로+세로)×2
(평행사변형의 둘레)=(한 변의 길이+다른 한 변의 길이)×2
(마름모의 둘레)=(한 변의 길이)×4

예 가로가 7 cm, 세로가 9 cm인 직사각형의 둘레는 몇 cm인가요?

직사각형은 가로와 세로가 각각 2개씩 있습니다.
⇨ (직사각형의 둘레) = (가로 + 세로) × 2

식 (7 + 9) × 2 = 32　　답 32 cm

1 직사각형의 둘레는 몇 cm인가요?

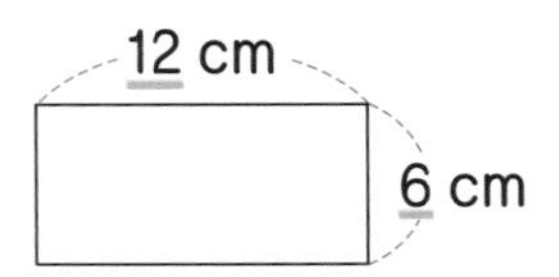

식 (12+6)×2=☐　　답 ☐ cm

2 평행사변형의 둘레는 몇 cm인가요?

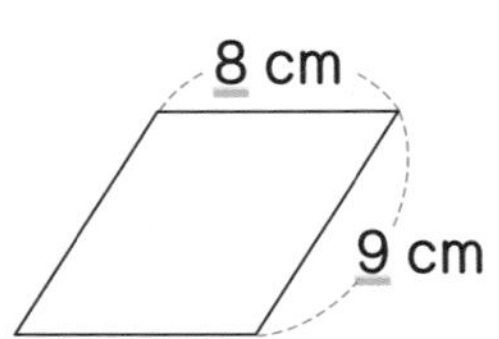

식 (☐+☐)×2=☐　　답  cm

왼쪽 ①, ②번과 같이 문제의 핵심 부분에 색칠하고,
계산해야 하는 수들에 밑줄을 그어 문제를 풀어 보세요.

정답 20쪽

③ 한 변의 길이가 11 cm인 마름모의 둘레는 몇 cm인가요?

식 ______________________ 답 __________

④ 가로가 14 cm, 세로가 15 cm인 직사각형의 둘레는 몇 cm인가요?

식 ______________________ 답 __________

⑤ 평행사변형의 둘레는 몇 cm인가요?

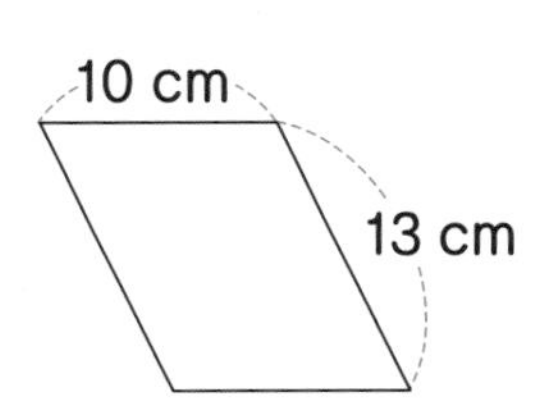

식 ______________________ 답 __________

⑥ 철사로 한 변의 길이가 20 cm인 마름모 모양을 만들려고 합니다. 철사는 적어도 몇 cm 필요한가요?

식 ______________________ 답 __________

공부한 날짜 월 일

19일 직사각형, 정사각형의 넓이 구하기

이것만 알자

(직사각형의 넓이)＝(가로)×(세로)

(정사각형의 넓이)＝(한 변의 길이)×(한 변의 길이)

예 가로가 12 cm, 세로가 7 cm인 직사각형의 넓이는 몇 cm^2인가요?

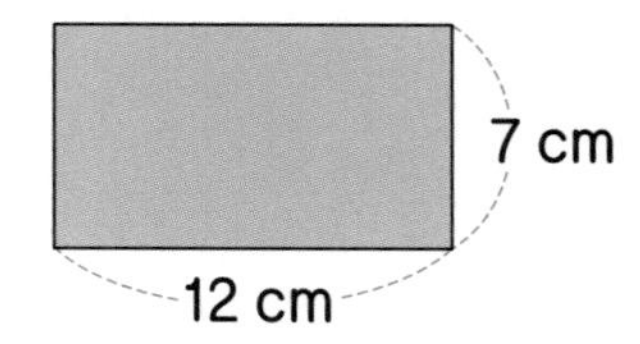

(직사각형의 넓이) = (가로) × (세로)

식 12 × 7 = 84 답 84 cm^2

1 가로가 9 m, 세로가 15 m인 직사각형의 넓이는 몇 m^2인가요?

식 9×15＝☐ 답 ☐ m^2

직사각형의 가로 직사각형의 세로

2 한 변의 길이가 8 cm인 정사각형의 넓이는 몇 cm^2인가요?

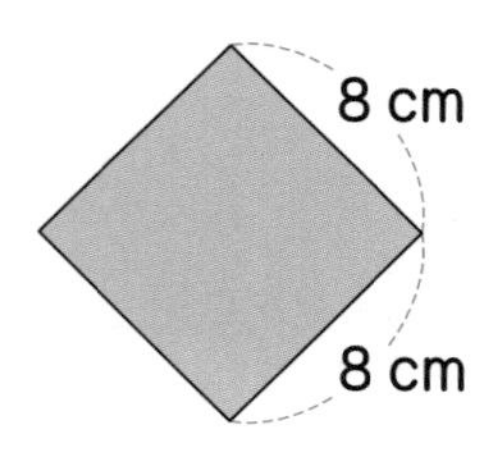

식 ☐×☐＝☐ 답 ☐ cm^2

왼쪽 ①, ②번과 같이 문제의 핵심 부분에 색칠하고,
계산해야 하는 수들에 밑줄을 그어 문제를 풀어 보세요.

정답 20쪽

③ 오른쪽 직사각형의 넓이는 몇 cm^2인가요?

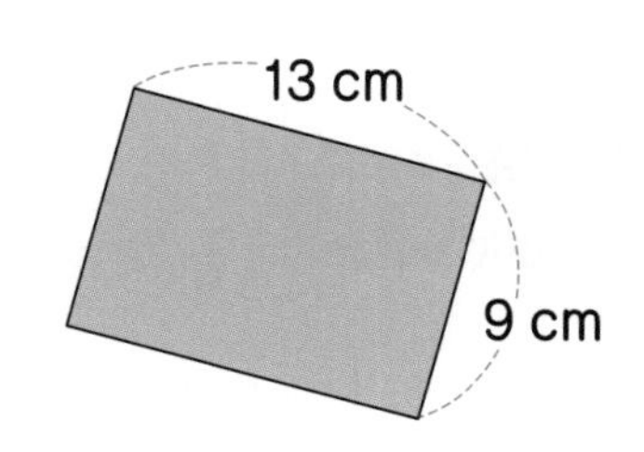

식

답

④ 한 변의 길이가 12 cm인 정사각형의 넓이는 몇 cm^2인가요?

식 답

⑤ 가로가 14 m, 세로가 16 m인 직사각형의 넓이는 몇 m^2인가요?

식 답

⑥ 가로가 6 m, 세로가 5 m인 직사각형 모양의 광고판이 있습니다.
이 광고판의 넓이는 몇 m^2인가요?

식 답

19일

평행사변형, 삼각형, 마름모, 사다리꼴의 넓이 구하기

이것만 알자

(평행사변형의 넓이)=(밑변의 길이)×(높이)

(삼각형의 넓이)=(밑변의 길이)×(높이)÷2

(마름모의 넓이)=(한 대각선의 길이)×(다른 대각선의 길이)÷2

(사다리꼴의 넓이)=(윗변의 길이+아랫변의 길이)×(높이)÷2

예 밑변의 길이가 8 cm, 높이가 7 cm인 평행사변형의 넓이는 몇 cm^2인가요?

(평행사변형의 넓이) = (밑변의 길이) × (높이)

식 8 × 7 = 56 답 56 cm^2

1 삼각형의 넓이는 몇 cm^2인가요?

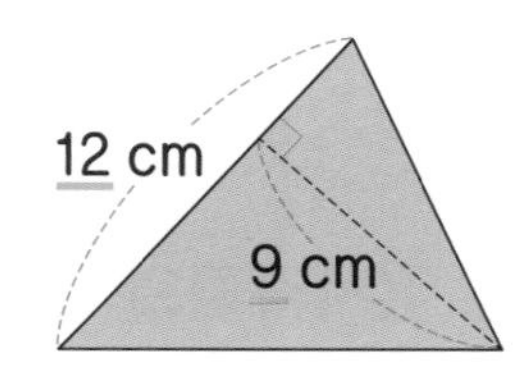

식 12×9÷2=□ 답 □ cm^2

밑변의 길이 높이

2 사다리꼴의 넓이는 몇 cm^2인가요?

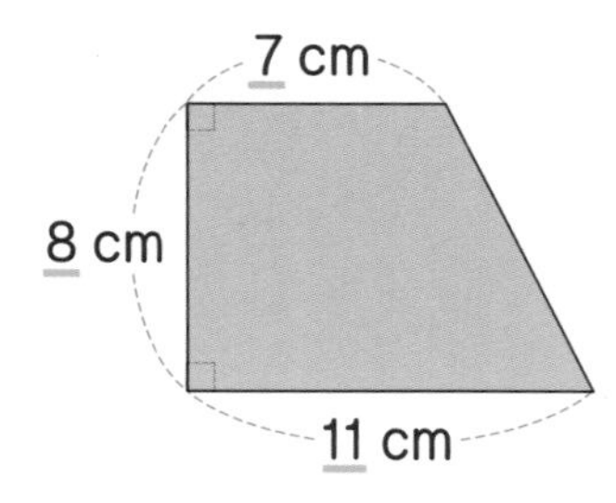

식 (□+□)×□÷2=□ 답 □ cm^2

왼쪽 ①, ②번과 같이 문제의 핵심 부분에 색칠하고,
계산해야 하는 수들에 밑줄을 그어 문제를 풀어 보세요.

정답 21쪽

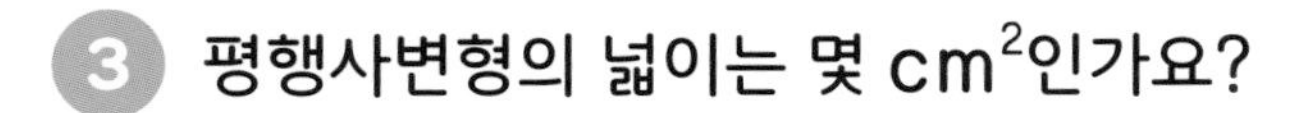

③ 평행사변형의 넓이는 몇 cm^2인가요?

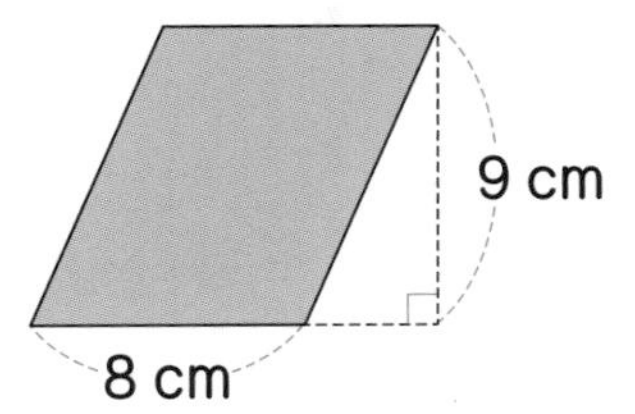

식 ______________________ 답 ____________

④ 마름모의 넓이는 몇 cm^2인가요?

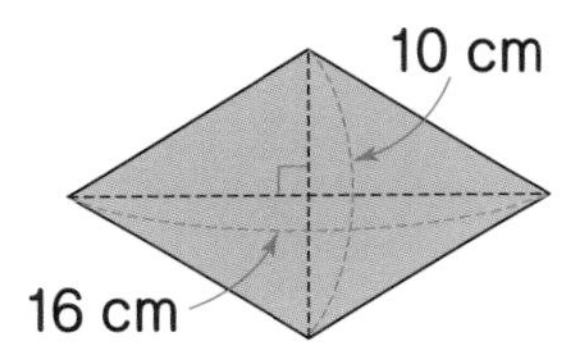

식 ______________________ 답 ____________

⑤ 윗변의 길이가 6 cm, 아랫변의 길이가 15 cm, 높이가 10 cm인 사다리꼴 모양의 포장지가 있습니다. 이 포장지의 넓이는 몇 cm^2인가요?

식 ______________________ 답 ____________

공부한 날짜 월 일

20일 마무리하기

90쪽

1 정사각형의 둘레는 몇 cm인가요?

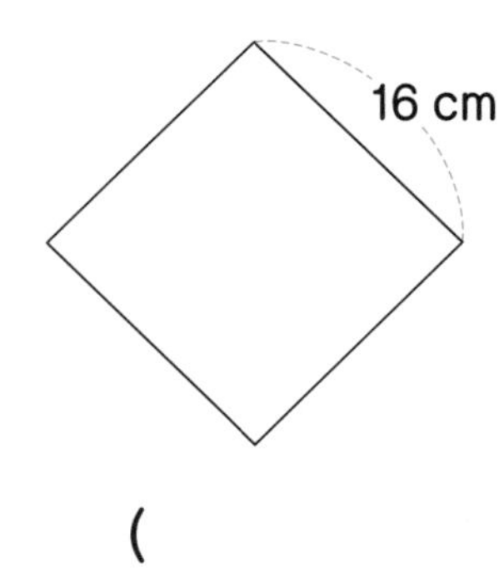

( )

90쪽

2 한 변의 길이가 9 cm인 정육각형의 둘레는 몇 cm인가요?

( )

92쪽

3 직사각형의 둘레는 몇 cm인가요?

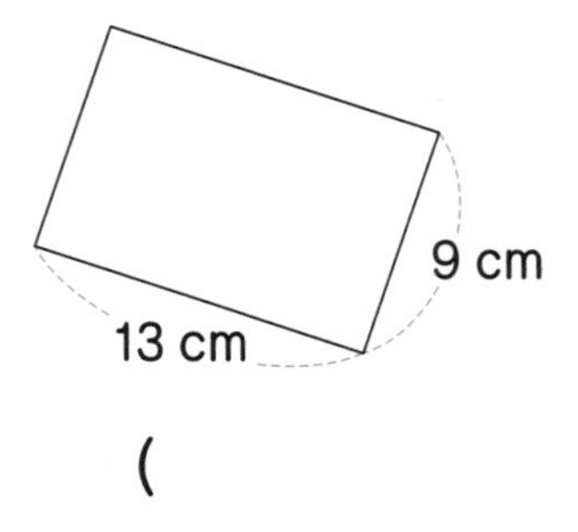

( )

92쪽

4 평행사변형의 둘레는 몇 cm인가요?

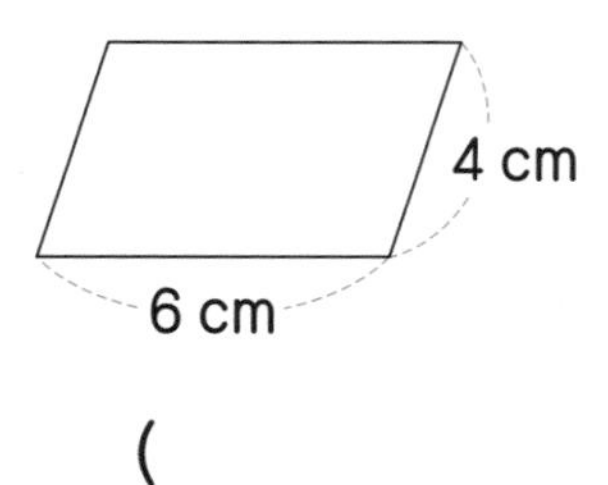

( )

정답 21쪽

94쪽

5 직사각형의 넓이는 몇 cm^2인가요?

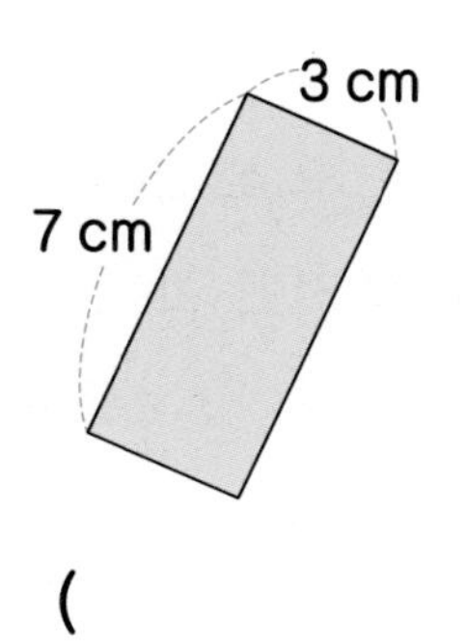

( )

94쪽

6 한 변의 길이가 15 cm인 정사각형의 넓이는 몇 cm^2인가요?

( )

96쪽

7 밑변의 길이가 13 m, 높이가 8 m인 삼각형의 넓이는 몇 m^2인가요?

( )

8 96쪽 도전 문제

선분 ㄱㄷ의 길이는 선분 ㄴㄹ의 길이의 2배입니다. 마름모 ㄱㄴㄷㄹ의 넓이는 몇 cm^2인가요?

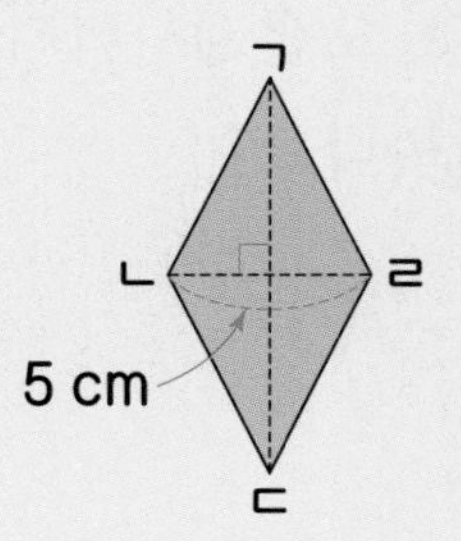

❶ 선분 ㄱㄷ의 길이

→ ( )

❷ 마름모 ㄱㄴㄷㄹ의 넓이

→ ( )

공부한 날짜 월 일

1회 실력 평가

1 육상 선수인 진후는 매일 같은 거리를 달렸습니다. 진후가 2주 동안 달린 거리가 126 km일 때, 하루 동안 달린 거리는 몇 km인가요?

( )

2 어느 터미널에서 서울 가는 버스가 오전 8시부터 13분 간격으로 출발합니다. 오전 9시까지 버스는 모두 몇 번 출발하나요?

( )

3 연필 32자루와 색연필 24자루를 최대한 많은 학생에게 남김없이 똑같이 나누어 주려고 합니다. 최대 몇 명에게 나누어 줄 수 있나요?

( )

4 한 바구니에 귤이 7개씩 들어 있습니다. 바구니의 수를 □, 귤의 수를 ○라고 할 때, 바구니의 수와 귤의 수 사이의 대응 관계를 식으로 나타내어 보세요.

( )

정답 22쪽

5 오이의 무게는 $\frac{2}{9}$ kg, 호박의 무게는 $\frac{5}{12}$ kg입니다. 오이와 호박 중 더 무거운 것은 어느 것인가요?

( )

6 $\frac{3}{10}$ L의 물이 들어 있는 물통에 $\frac{7}{15}$ L의 물을 더 부었습니다. 물통에 들어 있는 물은 모두 몇 L인가요?

( )

7 가장 큰 수와 가장 작은 수의 차를 구해 보세요.

$5\frac{7}{9}$ $3\frac{1}{4}$ $3\frac{2}{3}$

( )

8 삼각형의 넓이는 몇 cm^2인가요?

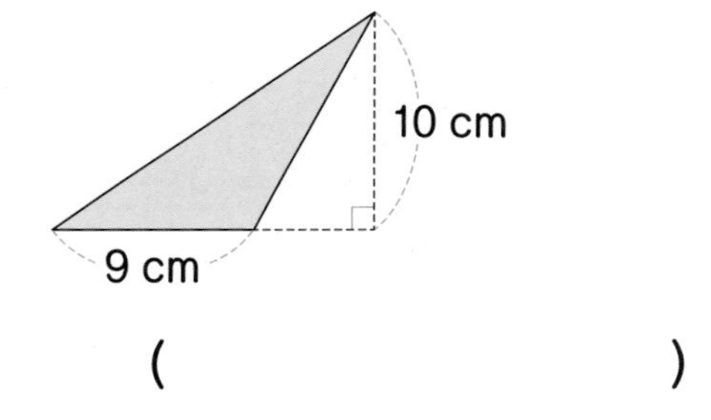

( )

2회 실력 평가

1 정류장에 32명이 탄 버스가 도착했습니다. 7명이 내리고 13명이 탔습니다. 지금 버스 안에 타고 있는 사람은 몇 명인가요?

( )

2 5개에 6000원인 빵 1개와 1개에 650원인 우유 3개를 사고 4000원을 냈습니다. 거스름돈은 얼마인가요?

( )

3 송편 18개를 남김없이 접시에 똑같이 나누어 담을 수 있는 방법은 모두 몇 가지인가요?

( )

4 음료 1개에 설탕이 35 g 들어 있습니다. 음료 12개에 들어 있는 설탕은 몇 g인가요?

( )

정답 22쪽

5 $\frac{4}{5}$와 크기가 같은 분수 중에서 분모와 분자의 합이 30보다 크고 50보다 작은 분수를 모두 구해 보세요.

( )

6 유나는 운동을 어제 $\frac{7}{8}$시간 동안 했고, 오늘 $\frac{9}{10}$시간 동안 했습니다. 유나는 어제보다 오늘 운동을 몇 시간 더 많이 했나요?

( )

7 어떤 수에 $2\frac{4}{5}$를 더했더니 $5\frac{2}{3}$가 되었습니다. 어떤 수는 얼마인가요?

( )

8 직사각형의 둘레는 몇 cm인가요?

11 cm
7 cm

( )

MEMO

5A
5학년 • 기본
교과서 문해력
수학 문장제

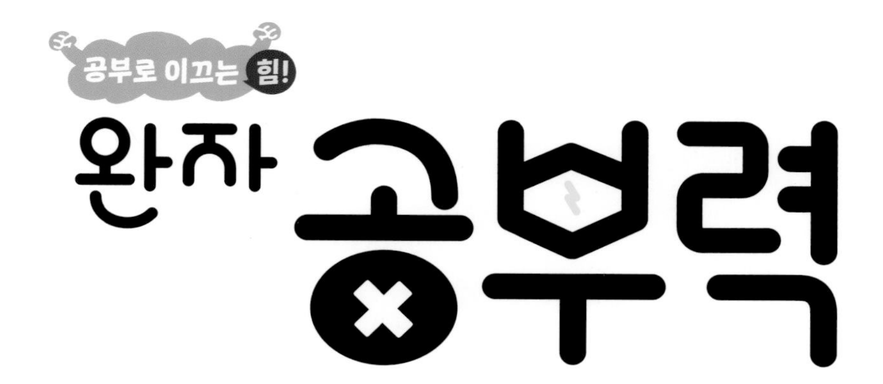

정답과 해설

책 속의 가접 별책 (특허 제 0557442호)

'정답과 해설'은 진도책에서 쉽게 분리할 수 있도록 제작되었으므로
유통 과정에서 분리될 수 있으나 파본이 아닌 정상 제품입니다.

ABOVE IMAGINATION

우리는 남다른 상상과 혁신으로
교육 문화의 새로운 전형을 만들어
모든 이의 행복한 경험과 성장에 기여한다

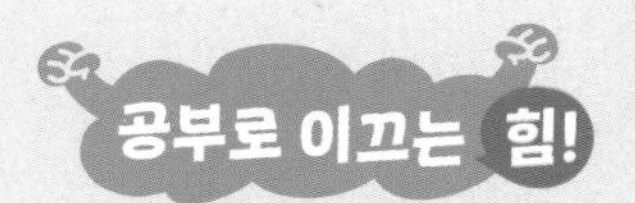

완자 공부력

교과서 문해력
수학 문장제 기본 5A

< 정답과 해설 >

1 자연수의 혼합 계산

10-11쪽

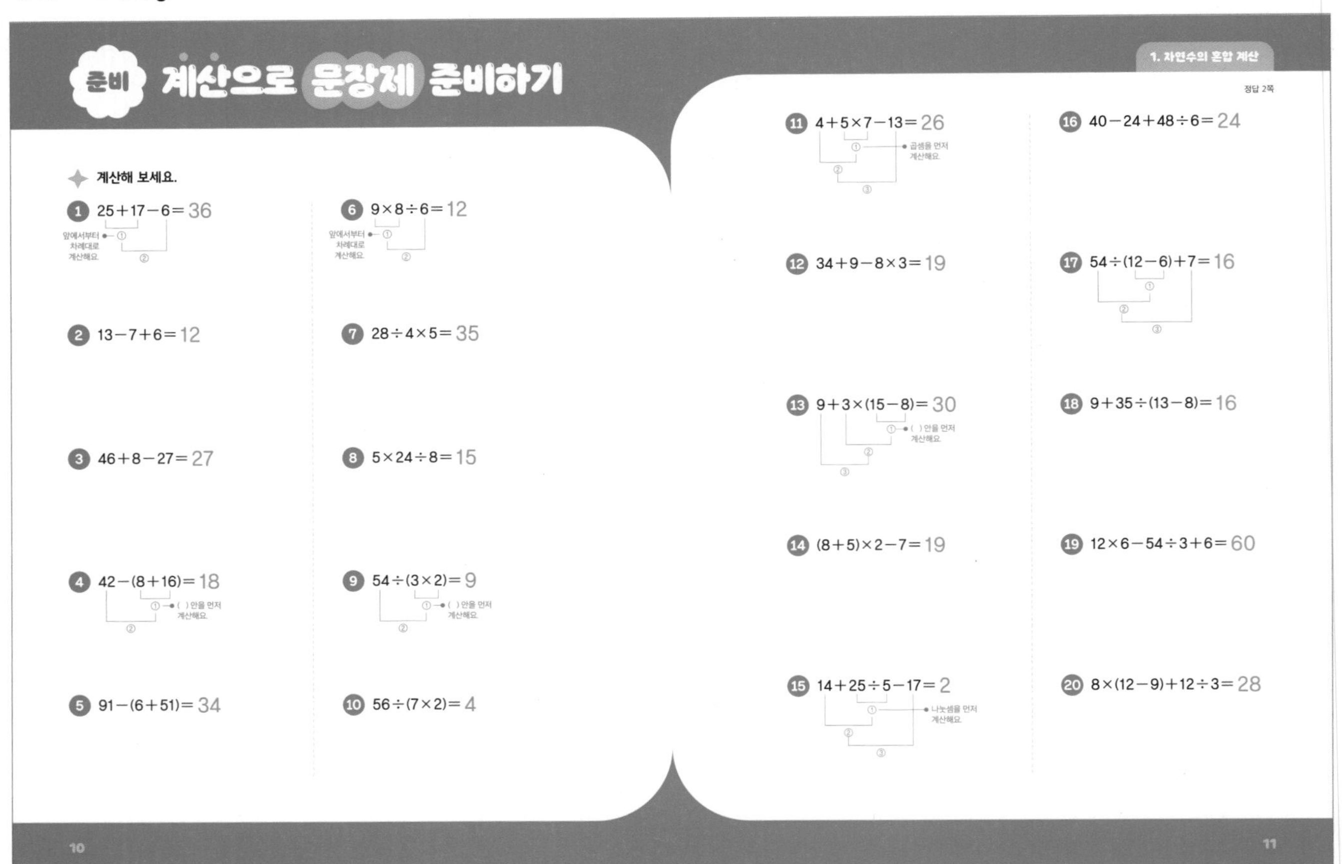

준비 계산으로 문장제 준비하기

1. 자연수의 혼합 계산

정답 2쪽

계산해 보세요.

1. 25+17−6=36
2. 13−7+6=12
3. 46+8−27=27
4. 42−(8+16)=18
5. 91−(6+51)=34
6. 9×8÷6=12
7. 28÷4×5=35
8. 5×24÷8=15
9. 54÷(3×2)=9
10. 56÷(7×2)=4
11. 4+5×7−13=26
12. 34+9−8×3=19
13. 9+3×(15−8)=30
14. (8+5)×2−7=19
15. 14+25÷5−17=2
16. 40−24+48÷6=24
17. 54÷(12−6)+7=16
18. 9+35÷(13−8)=16
19. 12×6−54÷3+6=60
20. 8×(12−9)+12÷3=28

앞에서부터 차례대로 계산해요.
( )안을 먼저 계산해요.
곱셈을 먼저 계산해요.
나눗셈을 먼저 계산해요.

12-13쪽

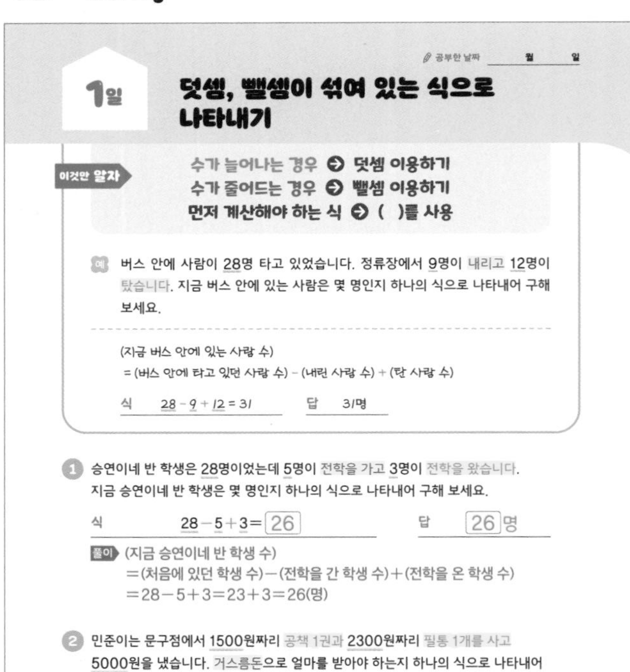

공부한 날짜 월 일

1일 덧셈, 뺄셈이 섞여 있는 식으로 나타내기

이것만 알자

수가 늘어나는 경우 ➔ 덧셈 이용하기
수가 줄어드는 경우 ➔ 뺄셈 이용하기
먼저 계산해야 하는 식 ➔ ( )를 사용

예 버스 안에 사람이 28명 타고 있었습니다. 정류장에서 9명이 내리고 12명이 탔습니다. 지금 버스 안에 있는 사람은 몇 명인지 하나의 식으로 나타내어 구해 보세요.

(지금 버스 안에 있는 사람 수)
=(버스 안에 타고 있던 사람 수)−(내린 사람 수)+(탄 사람 수)

식 28−9+12=31 답 31명

1. 승연이네 반 학생은 28명이었는데 5명이 전학을 가고 3명이 전학을 왔습니다. 지금 승연이네 반 학생은 몇 명인지 하나의 식으로 나타내어 구해 보세요.

식 28−5+3=26 답 26명

풀이 (지금 승연이네 반 학생 수)
=(처음에 있던 학생 수)−(전학을 간 학생 수)+(전학을 온 학생 수)
=28−5+3=23+3=26(명)

2. 민준이는 문구점에서 1500원짜리 공책 1권과 2300원짜리 필통 1개를 사고 5000원을 냈습니다. 거스름돈으로 얼마를 받아야 하는지 하나의 식으로 나타내어 구해 보세요.

식 5000−(1500+2300)=1200 답 1200원

풀이 (거스름돈)=(낸 돈)−(공책 1권의 값+필통 1개의 값)
=5000−(1500+2300)=5000−3800=1200(원)

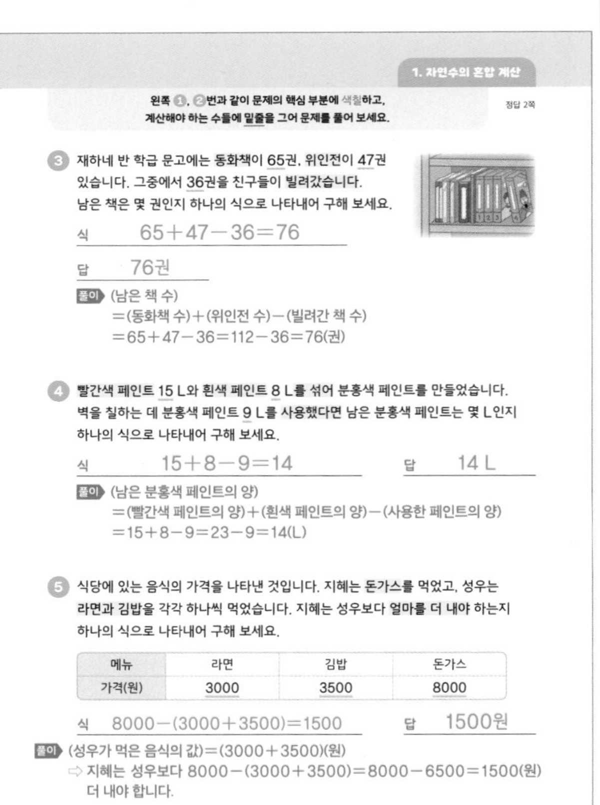

1. 자연수의 혼합 계산

왼쪽 1, 2번과 같이 문제의 핵심 부분에 색칠하고, 계산해야 하는 수들에 밑줄을 그어 문제를 풀어 보세요.

정답 2쪽

3. 재하네 반 학급 문고에는 동화책이 65권, 위인전이 47권 있습니다. 그중에서 36권을 친구들이 빌려갔습니다. 남은 책은 몇 권인지 하나의 식으로 나타내어 구해 보세요.

식 65+47−36=76

답 76권

풀이 (남은 책 수)
=(동화책 수)+(위인전 수)−(빌려간 책 수)
=65+47−36=112−36=76(권)

4. 빨간색 페인트 15 L와 흰색 페인트 8 L를 섞어 분홍색 페인트를 만들었습니다. 벽을 칠하는 데 분홍색 페인트 9 L를 사용했다면 남은 분홍색 페인트는 몇 L인지 하나의 식으로 나타내어 구해 보세요.

식 15+8−9=14 답 14 L

풀이 (남은 분홍색 페인트의 양)
=(빨간색 페인트의 양)+(흰색 페인트의 양)−(사용한 페인트의 양)
=15+8−9=23−9=14(L)

5. 식당에 있는 음식의 가격을 나타낸 것입니다. 지혜는 돈가스를 먹었고, 성우는 라면과 김밥을 각각 하나씩 먹었습니다. 지혜는 성우보다 얼마를 더 내야 하는지 하나의 식으로 나타내어 구해 보세요.

메뉴	라면	김밥	돈가스
가격(원)	3000	3500	8000

식 8000−(3000+3500)=1500 답 1500원

풀이 (성우가 먹은 음식의 값)=(3000+3500)(원)
⇨ 지혜는 성우보다 8000−(3000+3500)=8000−6500=1500(원) 더 내야 합니다.

14-15쪽

1일 곱셈, 나눗셈이 섞여 있는 식으로 나타내기

몇씩 몇 묶음 ➔ 곱셈 이용하기
똑같이 나누어 ➔ 나눗셈 이용하기
먼저 계산해야 하는 식 ➔ ( )를 사용

예 한 봉지에 15개씩 들어 있는 사탕이 4봉지 있습니다. 이 사탕을 6명에게 똑같이 나누어 주면 한 사람에게 몇 개씩 줄 수 있는지 하나의 식으로 나타내어 구해 보세요.

(한 사람에게 줄 수 있는 사탕 수)
= (한 봉지에 들어 있는 사탕 수) × (봉지 수) ÷ (나누어 줄 사람 수)
└● 전체 사탕 수

식 $15\times4\div6=10$ 답 10개

1 과수원에서 사과를 한 바구니에 25개씩 4바구니 따서 5상자에 남김없이 똑같이 나누어 담았습니다. 한 상자에 담은 사과가 몇 개인지 하나의 식으로 나타내어 구해 보세요.

식 $25\times4\div5=20$ 답 20개

풀이 사과를 한 바구니에 25개씩 4바구니 땄으므로 (25×4)개를 땄습니다.
5상자에 똑같이 나누어 담았으므로 전체 사과의 수를 5로 나누면 한 상자에 담은 사과는 $25\times4\div5=100\div5=20$(개)입니다.

2 한 상자에 초콜릿을 4개씩 3줄로 담으려고 합니다. 초콜릿 72개를 모두 똑같이 나누어 담으려면 상자가 몇 개 필요한지 하나의 식으로 나타내어 구해 보세요.

식 $72\div(4\times3)=6$ 답 6개

풀이 한 상자에 담을 초콜릿 수는 (4×3)개이므로 전체 초콜릿 수를 한 상자에 담을 초콜릿 수로 나눕니다.
$72\div(4\times3)=72\div12=6$(개)

왼쪽 1, 2번과 같이 문제의 핵심 부분에 색칠하고, 계산해야 하는 수들에 밑줄을 그어 문제를 풀어 보세요. 정답 3쪽

3 지은이네 반 학생 28명은 7명씩 나누어 모둠을 만들어 미술 수업을 하려고 합니다. 한 모둠당 색종이를 9장씩 받았다면 나누어 준 색종이는 모두 몇 장인지 하나의 식으로 나타내어 구해 보세요.

식 $28\div7\times9=36$ 답 36장

풀이 모둠 수는 (28÷7)모둠이므로 나누어 준 색종이 수는 모둠 수에 한 모둠에 나누어 준 색종이 수를 곱합니다.
$28\div7\times9=4\times9=36$(장)

4 공책이 한 상자에 24권씩 3상자 있습니다. 이 공책을 한 사람에게 8권씩 모두 나누어 주려고 합니다. 몇 명에게 나누어 줄 수 있는지 하나의 식으로 나타내어 구해 보세요.

식 $24\times3\div8=9$ 답 9명

풀이 공책은 24권씩 3상자이므로 (24×3)권입니다.
따라서 공책을 8권씩 나누어 주면 $24\times3\div8=72\div8=9$(명)에게 나누어 줄 수 있습니다.

5 인형 48개를 4명이 똑같이 나누어 만들려고 합니다. 한 사람이 한 시간에 2개씩 만들 수 있다면 인형을 만드는 데 몇 시간이 걸리는지 하나의 식으로 나타내어 구해 보세요.

식 $48\div(2\times4)=6$

답 6시간

풀이 한 사람이 한 시간에 인형 2개를 만들 수 있으므로 4명이 한 시간에 만들 수 있는 인형은 (2×4)개입니다.
따라서 인형 48개를 만드는 데 걸리는 시간은 $48\div(2\times4)=48\div8=6$(시간)입니다.

16-17쪽

공부한 날짜 월 일

2일 덧셈, 뺄셈, 곱셈, 나눗셈이 섞여 있는 식으로 나타내기(1)

수가 늘어나면 ➔ 덧셈 / 수가 줄어들면 ➔ 뺄셈
몇씩 몇 묶음 ➔ 곱셈 / 똑같이 나누기 ➔ 나눗셈

예 진수가 연필을 12자루 가지고 있었는데 누나가 8자루를 더 주었습니다. 친구 3명에게 5자루씩 나누어 준다면 남는 연필은 몇 자루인지 하나의 식으로 나타내어 구해 보세요.

(남는 연필 수)
= (처음에 있던 연필 수) + (누나에게 받은 연필 수) − (친구에게 나누어 준 연필 수)
└● (한 명에게 준 연필 수) × (친구 수)

식 $12+8-5\times3=5$ 답 5자루

1 세희는 과수원에서 사과를 30개 땄는데 오빠가 5개를 더 주었습니다. 친구 4명에게 6개씩 나누어 준다면 남는 사과는 몇 개인지 하나의 식으로 나타내어 구해 보세요.

식 $30+5-6\times4=11$ 답 11개

풀이 친구에게 나누어 준 사과는 (6×4)개이므로
남는 사과는 $30+5-6\times4=30+5-24=35-24=11$(개)입니다.

2 진우는 한 상자에 20개씩 들어 있는 사탕을 3상자 사서 동생과 똑같이 나누어 가진 후 친구에게 8개를 주었습니다. 진우에게 남은 사탕은 몇 개인지 하나의 식으로 나타내어 구해 보세요.
(● 나누어 가진 사람 수: 2명)

식 $20\times3\div2-8=22$ 답 22개

풀이 진우가 산 사탕 수는 (20×3)개이고, 동생과 똑같이 나누어 가졌으므로 나누어 가진 사람 수는 2명입니다.
$20\times3\div2-8=60\div2-8=30-8=22$(개)

왼쪽 1, 2번과 같이 문제의 핵심 부분에 색칠하고, 계산해야 하는 수들에 밑줄을 그어 문제를 풀어 보세요. 정답 3쪽

3 승희네 반 학생 26명은 6명씩 4모둠으로 나누어 배구를 하고, 배구를 하지 않는 나머지 학생들은 다른 반 학생 7명과 응원을 하려고 합니다. 응원을 하는 학생은 모두 몇 명인지 하나의 식으로 나타내어 구해 보세요.

식 $26-6\times4+7=9$

답 9명

풀이 배구를 하는 학생 수는 6명씩 4모둠이므로 (6×4)명입니다.
(응원을 하는 학생 수)
=(승희네 반 전체 학생 수)−(배구를 하는 학생 수)+(다른 반 학생 수)
$=26-6\times4+7=26-24+7=2+7=9$(명)

4 사과 한 개의 무게는 250 g, 무게가 같은 귤 3개의 무게는 240 g, 감 한 개의 무게는 190 g입니다. 사과 한 개와 귤 한 개의 무게의 합은 감 한 개의 무게보다 몇 g 더 무거운지 하나의 식으로 나타내어 구해 보세요.

식 $250+240\div3-190=140$ 답 140 g

풀이 귤 한 개의 무게는 (240÷3) g입니다.
(사과 한 개의 무게)+(귤 한 개의 무게)−(감 한 개의 무게)
$=250+240\div3-190=250+80-190$
$=330-190=140$(g)

5 100 cm인 종이테이프를 4등분 한 것 중의 한 도막과 90 cm인 종이테이프를 3등분 한 것 중의 한 도막을 5 cm가 겹쳐지도록 이어 붙였습니다. 이어 붙인 종이테이프의 전체 길이는 몇 cm인지 하나의 식으로 나타내어 구해 보세요.

식 $100\div4+90\div3-5=50$ 답 50 cm

풀이 100 cm인 종이테이프를 4등분 한 것 중의 한 도막은 (100÷4) cm이고, 90 cm인 종이테이프를 3등분 한 것 중 한 도막은 (90÷3) cm입니다.
(이어 붙인 종이테이프의 전체 길이)
$=100\div4+90\div3-5=25+30-5=55-5=50$(cm)입니다.

1 자연수의 혼합 계산

18-19쪽

2일 덧셈, 뺄셈, 곱셈, 나눗셈이 섞여 있는 식으로 나타내기(2)

수가 늘어나면 ➔ 덧셈 / 수가 줄어들면 ➔ 뺄셈
몇씩 몇 묶음 ➔ 곱셈 / 똑같이 나누기 ➔ 나눗셈
먼저 계산해야 하는 식 ➔ ( )를 사용

예 철사 28 m를 은수네 모둠 4명과 정우네 모둠 3명에게 각각 3 m씩 나누어 주었습니다. 나누어 주고 남은 철사는 몇 m인지 하나의 식으로 나타내어 구해 보세요.

(나누어 주고 남은 철사의 길이)
= (처음 철사의 길이) − (나누어 준 철사의 길이)
└ (한 사람에게 나누어 준 철사의 길이) × (나누어 준 사람 수)

식 $28-3\times(4+3)=7$ 답 7m

1 물 40 L를 민호의 물통 5개와 연아의 물통 4개에 각각 4 L씩 나누어 담았습니다. 나누어 담고 남은 물은 몇 L인지 하나의 식으로 나타내어 구해 보세요.

식 $40-4\times(5+4)=4$ 답 4 L

풀이 나누어 담은 물의 양을 식으로 나타내면 $4\times(5+4)$이므로 나누어 담고 남은 물의 양은 $40-4\times(5+4)=40-4\times9=40-36=4$(L)입니다.

2 공책 한 권은 900원, 연필 한 타는 6000원입니다. (12자루) 준호는 2000원으로 공책 한 권과 연필 한 자루를 샀습니다. 준호가 받은 거스름돈은 얼마인지 하나의 식으로 나타내어 구해 보세요.

식 $2000-(900+6000\div12)=600$ 답 600원

풀이 연필 한 타는 12자루이므로 연필 한 자루의 값을 식으로 나타내면 $(6000\div12)$입니다.
따라서 준호가 받은 거스름돈은
$2000-(900+6000\div12)=2000-(900+500)$
$=2000-1400=600$(원)입니다.

왼쪽 1, 2번과 같이 문제의 핵심 부분에 색칠하고, 계산해야 하는 수들에 밑줄을 그어 문제를 풀어 보세요.

정답 4쪽

3 귤이 45개 있었는데 남학생 3명과 여학생 5명이 각각 5개씩 먹었습니다. 남은 귤은 몇 개인지 하나의 식으로 나타내어 구해 보세요.

식 $45-5\times(3+5)=5$ 답 5개

풀이 남학생 3명과 여학생 5명이 각각 귤을 5개씩 먹었으므로 먹은 귤의 수를 식으로 나타내면 $5\times(3+5)$입니다.
처음에 있던 귤 45개에서 학생들이 먹은 귤의 수를 빼면 남은 귤은
$45-5\times(3+5)=45-5\times8=45-40=5$(개)입니다.

4 지구에서 잰 무게는 달에서 잰 무게의 약 6배입니다. 어머니, 소미, 동생이 모두 달에서 몸무게를 잰다면 소미와 동생의 몸무게를 합한 무게는 어머니의 몸무게보다 몇 kg 더 무거운지 하나의 식으로 나타내어 구해 보세요.

	지구에서 잰 몸무게(kg)	달에서 잰 몸무게(kg)
어머니		10
소미	36	
동생	30	

식 $(36+30)\div6-10=1$ 답 1 kg

풀이 달에서 잰 소미와 동생의 몸무게의 합을 식으로 나타내면 $(36+30)\div6$입니다.
달에서 잰 어머니의 몸무게는 10 kg이므로
달에서 잰 소미와 동생의 몸무게의 합은 어머니의 몸무게보다
$(36+30)\div6-10=66\div6-10=11-10=1$(kg) 더 무겁습니다.

5 지우는 일주일 동안 매일 윗몸 일으키기를 35번씩 했고, 세진이는 일주일 중 2일을 제외한 나머지 날에 매일 윗몸 일으키기를 40번씩 했습니다. 지우와 세진이가 일주일 동안 윗몸 일으키기를 모두 몇 번 했는지 하나의 식으로 나타내어 구해 보세요.

식 $35\times7+40\times(7-2)=445$ 답 445번

풀이 지우가 윗몸 일으키기를 한 횟수를 식으로 나타내면 35×7이고, 세진이가 윗몸 일으키기를 한 횟수를 식으로 나타내면 $40\times(7-2)$입니다.
따라서 지우와 세진이가 일주일 동안 윗몸 일으키기를 한 횟수는 모두
$35\times7+40\times(7-2)=245+40\times5=245+200=445$(번)입니다.

20-21쪽

3일 마무리하기

공부한 날짜 월 일 걸린 시간 / 30분 맞은 개수 / 7개

정답 4쪽

1 윤재는 빨간색 구슬 28개와 파란색 구슬 15개를 가지고 있었습니다. 그중에서 친구에게 16개를 주었습니다. 윤재에게 남은 구슬은 몇 개인가요?

(27개)

풀이 (윤재에게 남은 구슬 수)
=(빨간색 구슬 수)
+(파란색 구슬 수)
−(친구에게 준 구슬 수)
$=28+15-16$
$=43-16=27$(개)

12쪽

2 은수는 가게에서 1500원짜리 빵 1개와 2600원짜리 주스 1병을 사고 5000원을 냈습니다. 거스름돈은 얼마인가요?

(900원)

풀이 (거스름돈)
=(낸 돈)−(빵값+주스값)
$=5000-(1500+2600)$
$=5000-4100=900$(원)

14쪽

3 한 봉지에 5개씩 들어 있는 도넛이 8봉지 있습니다. 이 도넛을 4명에게 똑같이 나누어 주면 한 명에게 몇 개씩 줄 수 있나요?

(10개)

풀이 (한 명에게 줄 수 있는 도넛 수)
=(한 봉지에 들어 있는 도넛 수)
×(봉지 수)÷(나누어 줄 사람 수)
$=5\times8\div4=40\div4=10$(개)

14쪽

4 윤서네 반 학생은 한 모둠에 6명씩 4모둠입니다. 사과 48개를 윤서네 반 학생들에게 똑같이 나누어 주면 한 명이 몇 개씩 가지게 되나요?

(2개)

풀이 (한 명이 가질 수 있는 사과 수)
=(전체 사과 수)
÷(윤서네 반 학생 수)
$=48\div(6\times4)$
$=48\div24=2$(개)

16쪽

5 지호는 공책 28권을 4묶음으로 똑같이 나눈 것 중 한 묶음을 가지고 있었습니다. 그중에서 3권을 동생에게 주고, 어머니께 5권을 더 받았습니다. 지금 지호가 가지고 있는 공책은 몇 권인가요?

(9권)

풀이 (지금 지호가 가지고 있는 공책 수)
=(처음에 가지고 있던 공책 수)
−(동생에게 준 공책 수)
+(어머니께 받은 공책 수)
$=28\div4-3+5$
$=7-3+5=4+5=9$(권)

16쪽

6 현수네 반 학생은 24명입니다. 5명씩 4모둠으로 나누어 게임을 하고, 게임을 하지 않는 나머지 학생들은 다른 반 학생 3명과 응원을 했습니다. 응원을 한 학생은 모두 몇 명인가요?

(7명)

풀이 (응원을 한 학생 수)
=(현수네 반 전체 학생 수)
−(게임을 한 학생 수)
+(다른 반 학생 수)
$=24-5\times4+3$
$=24-20+3=4+3=7$(명)

7 18쪽 도전 문제

카레라이스 3인분을 만들려고 합니다. 10000원으로 필요한 재료를 사고 남은 돈은 얼마인지 구해 보세요.

양파(1인분) 600원
감자(3인분) 2300원
돼지고기(4인분) 6400원

❶ 양파 3인분의 값을 식으로 나타내기
식 600×3

❷ 돼지고기 3인분의 값을 식으로 나타내기
식 $6400\div4\times3$

❸ 카레라이스 3인분을 만드는 데 필요한 재료의 값을 식으로 나타내기
식 $2300+600\times3+6400\div4\times3$

❹ 남은 돈은 얼마인지 하나의 식으로 나타내어 구하기
식 $10000-(2300+600\times3+6400\div4\times3)=1100$
답 1100원

풀이
❹ $10000-(2300+600\times3+6400\div4\times3)$
$=10000-(2300+1800+4800)$
$=10000-8900=1100$(원)

2 약수와 배수

24-25쪽

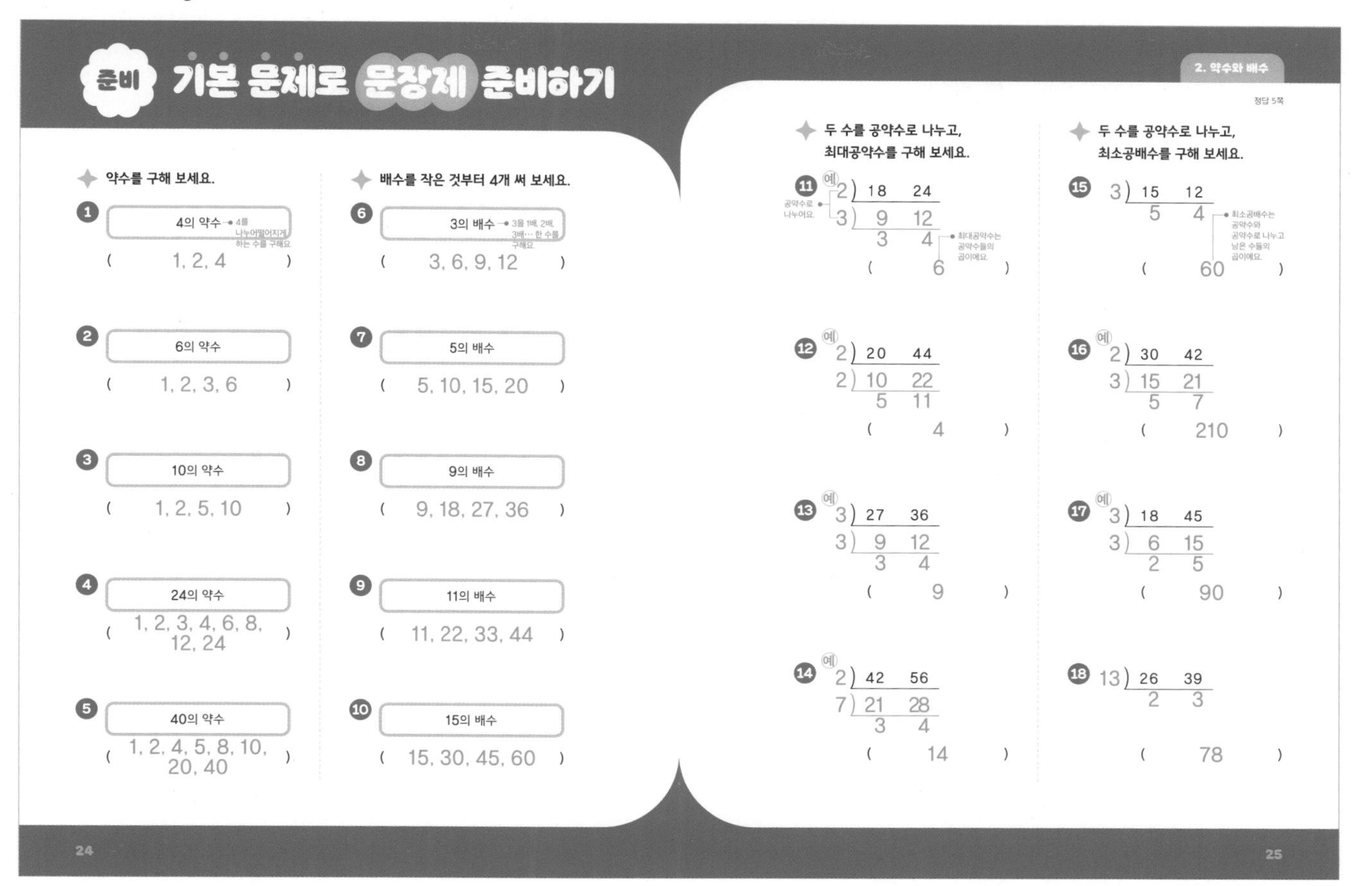

준비 기본 문제로 문장제 준비하기

2. 약수와 배수

정답 5쪽

✦ 약수를 구해 보세요.

1. 4의 약수 (4를 나누어떨어지게 하는 수를 구해요.) (1, 2, 4)
2. 6의 약수 (1, 2, 3, 6)
3. 10의 약수 (1, 2, 5, 10)
4. 24의 약수 (1, 2, 3, 4, 6, 8, 12, 24)
5. 40의 약수 (1, 2, 4, 5, 8, 10, 20, 40)

✦ 배수를 작은 것부터 4개 써 보세요.

6. 3의 배수 (3을 1배, 2배, 3배… 한 수를 구해요.) (3, 6, 9, 12)
7. 5의 배수 (5, 10, 15, 20)
8. 9의 배수 (9, 18, 27, 36)
9. 11의 배수 (11, 22, 33, 44)
10. 15의 배수 (15, 30, 45, 60)

✦ 두 수를 공약수로 나누고, 최대공약수를 구해 보세요.

11. 예) 2) 18 24 / 3) 9 12 / 3 4 (공약수로 나누어요. 최대공약수는 공약수들의 곱이에요.) (6)
12. 예) 2) 20 44 / 2) 10 22 / 5 11 (4)
13. 예) 3) 27 36 / 3) 9 12 / 3 4 (9)
14. 예) 2) 42 56 / 7) 21 28 / 3 4 (14)

✦ 두 수를 공약수로 나누고, 최소공배수를 구해 보세요.

15. 3) 15 12 / 5 4 (최소공배수는 공약수와 공약수로 나누고 남은 수들의 곱이에요.) (60)
16. 예) 2) 30 42 / 3) 15 21 / 5 7 (210)
17. 예) 3) 18 45 / 3) 6 15 / 2 5 (90)
18. 13) 26 39 / 2 3 (78)

24 25

26-27쪽

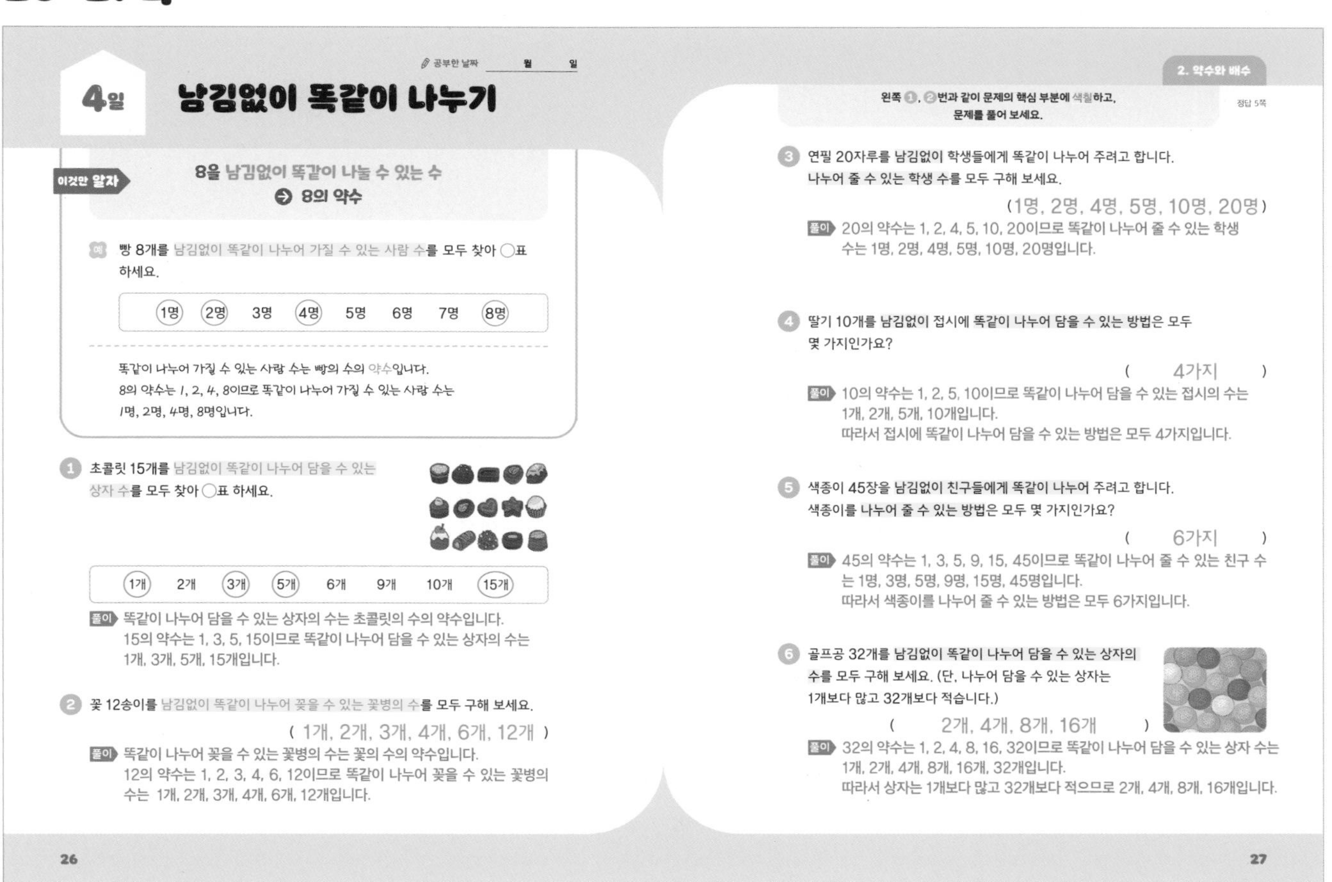

4일 남김없이 똑같이 나누기

공부한 날짜 월 일

2. 약수와 배수

정답 5쪽

이것만 알자 8을 남김없이 똑같이 나눌 수 있는 수 ➔ 8의 약수

예 빵 8개를 남김없이 똑같이 나누어 가질 수 있는 사람 수를 모두 찾아 ○표 하세요.

(1명) (2명) 3명 (4명) 5명 6명 7명 (8명)

똑같이 나누어 가질 수 있는 사람 수는 빵의 수의 약수입니다.
8의 약수는 1, 2, 4, 8이므로 똑같이 나누어 가질 수 있는 사람 수는 1명, 2명, 4명, 8명입니다.

1. 초콜릿 15개를 남김없이 똑같이 나누어 담을 수 있는 상자 수를 모두 찾아 ○표 하세요.

(1개) 2개 (3개) (5개) 6개 9개 10개 (15개)

풀이 똑같이 나누어 담을 수 있는 상자의 수는 초콜릿의 수의 약수입니다.
15의 약수는 1, 3, 5, 15이므로 똑같이 나누어 담을 수 있는 상자의 수는 1개, 3개, 5개, 15개입니다.

2. 꽃 12송이를 남김없이 똑같이 나누어 꽂을 수 있는 꽃병의 수를 모두 구해 보세요.

(1개, 2개, 3개, 4개, 6개, 12개)

풀이 똑같이 나누어 꽂을 수 있는 꽃병의 수는 꽃의 수의 약수입니다.
12의 약수는 1, 2, 3, 4, 6, 12이므로 똑같이 나누어 꽂을 수 있는 꽃병의 수는 1개, 2개, 3개, 4개, 6개, 12개입니다.

왼쪽 1, 2번과 같이 문제의 핵심 부분에 색칠하고, 문제를 풀어 보세요.

3. 연필 20자루를 남김없이 학생들에게 똑같이 나누어 주려고 합니다. 나누어 줄 수 있는 학생 수를 모두 구해 보세요.

(1명, 2명, 4명, 5명, 10명, 20명)

풀이 20의 약수는 1, 2, 4, 5, 10, 20이므로 똑같이 나누어 줄 수 있는 학생 수는 1명, 2명, 4명, 5명, 10명, 20명입니다.

4. 딸기 10개를 남김없이 접시에 똑같이 나누어 담을 수 있는 방법은 모두 몇 가지인가요?

(4가지)

풀이 10의 약수는 1, 2, 5, 10이므로 똑같이 나누어 담을 수 있는 접시의 수는 1개, 2개, 5개, 10개입니다.
따라서 접시에 똑같이 나누어 담을 수 있는 방법은 모두 4가지입니다.

5. 색종이 45장을 남김없이 친구들에게 똑같이 나누어 주려고 합니다. 색종이를 나누어 줄 수 있는 방법은 모두 몇 가지인가요?

(6가지)

풀이 45의 약수는 1, 3, 5, 9, 15, 45이므로 똑같이 나누어 줄 수 있는 친구 수는 1명, 3명, 5명, 9명, 15명, 45명입니다.
따라서 색종이를 나누어 줄 수 있는 방법은 모두 6가지입니다.

6. 골프공 32개를 남김없이 똑같이 나누어 담을 수 있는 상자의 수를 모두 구해 보세요. (단, 나누어 담을 수 있는 상자는 1개보다 많고 32개보다 적습니다.)

(2개, 4개, 8개, 16개)

풀이 32의 약수는 1, 2, 4, 8, 16, 32이므로 똑같이 나누어 담을 수 있는 상자 수는 1개, 2개, 4개, 8개, 16개, 32개입니다.
따라서 상자는 1개보다 많고 32개보다 적으므로 2개, 4개, 8개, 16개입니다.

26 27

2 약수와 배수

28-29쪽

4일 반복되는 횟수 구하기

이것만 알자

8분 간격으로, 8분마다, 8분에 한 번씩
➔ 8의 배수

터미널에서 동물원으로 가는 버스가 오전 9시부터 8분 간격으로 출발합니다. 오전 10시까지 버스는 모두 몇 번 출발하나요?

오전 9시부터 10시까지 버스는 분 단위가 8의 배수일 때 출발합니다.
따라서 버스가 출발하는 시각은 오전 9시, 9시 8분, 9시 16분, 9시 24분, 9시 32분, 9시 40분, 9시 48분, 9시 56분으로 모두 8번 출발합니다.

답 8번

1 어느 역에서 박물관으로 가는 셔틀버스가 오전 6시부터 9분 간격으로 출발합니다. 오전 7시까지 셔틀버스는 모두 몇 번 출발하나요?

(7 번)

풀이 오전 6시부터 7시까지 셔틀버스는 분 단위가 9의 배수일 때 출발합니다.
따라서 셔틀버스가 출발하는 시각은 오전 6시, 6시 9분, 6시 18분, 6시 27분, 6시 36분, 6시 45분, 6시 54분으로 모두 7번 출발합니다.

2 재희는 5일에 한 번씩 방청소를 합니다. 재희가 4월 5일에 방청소를 했을 때, 4월 한 달 동안 방청소를 한 날짜를 모두 써 보세요.

4월

일	월	화	수	목	금	토
		1	2	3	4	5	6
7	8	9	10	11	12	13
14	15	16	17	18	19	20
21	22	23	24	25	26	27
28	29	30				

(5일, 10일, 15일, 20일, 25일, 30일)

풀이 5일에 한 번씩 방청소를 하고 4월 5일에 방청소를 했으므로 날짜가 5의 배수일 때 방청소를 합니다.
따라서 방청소를 한 날은 5일, 10일, 15일, 20일, 25일, 30일입니다.

왼쪽 1, 2번과 같이 문제의 핵심 부분에 색칠하고, 문제를 풀어 보세요.

정답 6쪽

3 승미는 4일에 한 번씩 피아노 학원에 갑니다. 5월 4일에 피아노 학원에 갔다면 5월 한 달 동안 승미는 피아노 학원에 모두 몇 번 가나요?

(7번)

풀이 4일에 한 번씩 피아노 학원에 가고 5월 4일에 피아노 학원에 갔으므로 날짜가 4의 배수인 날 피아노 학원에 갑니다.
따라서 피아노 학원에 가는 날은 5월 4일, 8일, 12일, 16일, 20일, 24일, 28일로 모두 7번 피아노 학원에 갑니다.

4 야외 수영장에 7분마다 물이 쏟아지는 바구니가 있습니다. 오후 2시에 물이 쏟아졌을 때, 오후 2시 20분부터 오후 3시까지 물이 모두 몇 번 쏟아지나요?

(6번)

풀이 오후 2시부터 7분마다 물이 쏟아지므로 분 단위가 7의 배수일 때 물이 쏟아집니다.
따라서 물이 쏟아지는 시각은 오후 2시 21분, 2시 28분, 2시 35분, 2시 42분, 2시 49분, 2시 56분으로 모두 6번 물이 쏟아집니다.

5 어느 지하철이 출발역에서 6분 간격으로 출발한다고 합니다. 오전 5시에 첫 열차가 출발했다면 5번째로 출발하는 열차의 출발 시각은 오전 몇 시 몇 분인가요?

(오전 5시 24분)

풀이 열차가 오전 5시부터 6분 간격으로 출발하므로 분 단위가 6의 배수일 때 출발합니다.
따라서 출발 시각은 오전 5시, 5시 6분, 5시 12분, 5시 18분, 5시 24분… 이므로 5번째로 출발하는 열차의 출발 시각은 오전 5시 24분입니다.

6 2023년은 토끼의 해입니다. 12간지라고 하여 각 동물의 해는 12년마다 반복됩니다. 2023년 이후 네 번째 토끼의 해는 몇 년인가요?

(2071년)

풀이 12년마다 반복되므로 12의 배수인 12년, 24년, 36년, 48년… 후가 토끼의 해입니다.
따라서 네 번째 토끼의 해는 2023년 + 48년 = 2071년입니다.

30-31쪽

공부한 날짜 월 일

5일 최대공약수의 활용

이것만 알자

최대한 많은 ~에(게) 남김없이 똑같이 나누어
➔ 최대공약수 이용하기

연필 24자루와 공책 20권을 최대한 많은 학생에게 남김없이 똑같이 나누어 주려고 합니다. 최대 몇 명의 학생에게 나누어 줄 수 있나요?

연필과 공책의 수를 똑같이 나누어떨어지게 하는 수 중 가장 큰 수를 찾아야 하므로 24와 20의 최대공약수를 구합니다.

2) 24 20
2) 12 10 ⇨ 최대공약수: $2 \times 2 = 4$
6 5

따라서 최대 4명에게 나누어 줄 수 있습니다.

'가장 큰', '최대한 길게'와 같은 표현에도 최대공약수를 이용해요.

답 4명

1 귤 28개와 감 35개를 최대한 많은 사람에게 남김없이 똑같이 나누어 주려고 합니다. 최대 몇 명에게 나누어 줄 수 있나요?

(7 명)

풀이
7) 28 35 ⇨ 최대공약수: 7
4 5

따라서 최대 7명에게 나누어 줄 수 있습니다.

2 가로가 60 cm, 세로가 54 cm인 직사각형 모양의 종이를 똑같은 크기의 정사각형 모양 여러 개로 자르려고 합니다. 직사각형 모양의 종이를 남는 부분없이 가장 큰 정사각형 모양으로 자르려면 정사각형의 한 변의 길이는 몇 cm로 해야 하나요?

(6 cm)

풀이
2) 60 54
3) 30 27 ⇨ 최대공약수: $2 \times 3 = 6$
10 9

따라서 정사각형의 한 변의 길이는 6 cm로 해야 합니다.

왼쪽 1, 2번과 같이 문제의 핵심 부분에 색칠하고, 문제를 풀어 보세요.

정답 6쪽

3 쌀 56 kg과 보리 32 kg을 최대한 많은 통에 남김없이 똑같이 나누어 담으려고 합니다. 통은 최대 몇 개가 필요한가요?

(8개)

풀이
2) 56 32
2) 28 16 ⇨ 최대공약수: $2 \times 2 \times 2 = 8$
2) 14 8
7 4

따라서 통은 최대 8개가 필요합니다.

4 길이가 36 cm, 45 cm인 나무 도막을 똑같은 길이로 남김없이 자르려고 합니다. 한 도막의 길이를 최대한 길게 하려면 몇 cm씩 잘라야 하나요?

36 cm
45 cm

(9 cm)

풀이
3) 36 45
3) 12 15 ⇨ 최대공약수: $3 \times 3 = 9$
4 5

따라서 한 도막의 길이를 9 cm로 잘라야 합니다.

5 사탕 40개와 초콜릿 50개를 최대한 많은 친구에게 남김없이 똑같이 나누어 주려고 합니다. 한 친구가 사탕과 초콜릿을 각각 몇 개씩 받을 수 있나요?

사탕 (4개), 초콜릿 (5개)

풀이
2) 40 50
5) 20 25 ⇨ 최대공약수: $2 \times 5 = 10$
4 5

따라서 최대 10명의 친구에게 똑같이 나누어 줄 수 있으므로 한 친구가 받을 수 있는 사탕은 4개, 초콜릿은 5개입니다.

6 딸기 36개, 방울토마토 42개를 최대한 많은 접시에 남김없이 똑같이 나누어 담으려고 합니다. 한 접시에 딸기와 방울토마토를 각각 몇 개씩 담아야 하나요?

딸기 (6개), 방울토마토 (7개)

풀이
2) 36 42
3) 18 21 ⇨ 최대공약수: $2 \times 3 = 6$
6 7

따라서 최대 6개의 접시에 담을 수 있으므로 한 접시에 딸기는 6개, 방울토마토는 7개씩 담아야 합니다.

32-33쪽

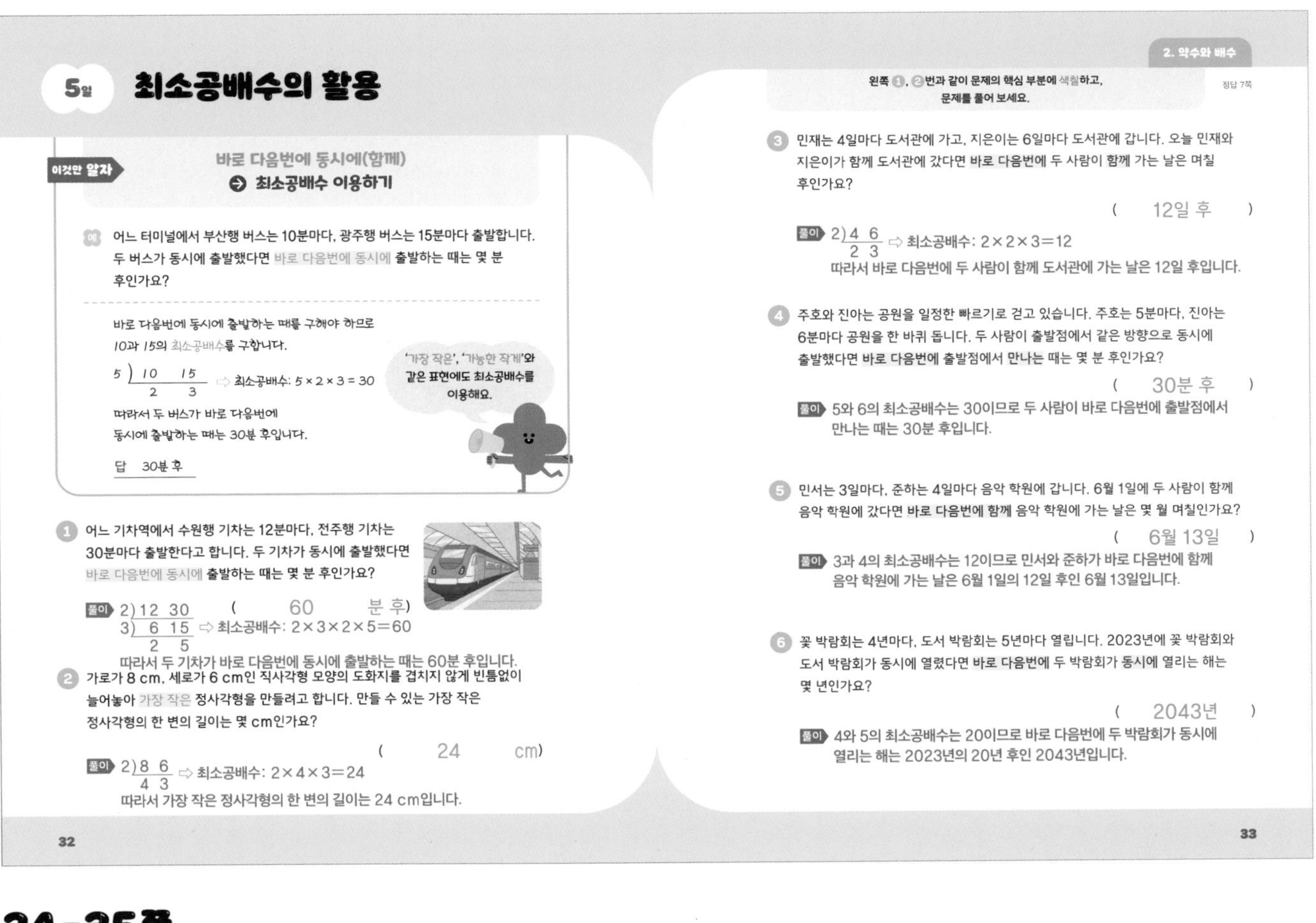

2. 약수와 배수

5일 최소공배수의 활용

이것만 알자

바로 다음번에 동시에(함께)
➔ 최소공배수 이용하기

어느 터미널에서 부산행 버스는 10분마다, 광주행 버스는 15분마다 출발합니다. 두 버스가 동시에 출발했다면 바로 다음번에 동시에 출발하는 때는 몇 분 후인가요?

바로 다음번에 동시에 출발하는 때를 구해야 하므로 10과 15의 최소공배수를 구합니다.

5) 10 15 ⇨ 최소공배수: 5×2×3=30
2 3

따라서 두 버스가 바로 다음번에 동시에 출발하는 때는 30분 후입니다.

답 30분 후

'가장 작은', '가능한 작게'와 같은 표현에도 최소공배수를 이용해요.

1 어느 기차역에서 수원행 기차는 12분마다, 전주행 기차는 30분마다 출발한다고 합니다. 두 기차가 동시에 출발했다면 바로 다음번에 동시에 출발하는 때는 몇 분 후인가요?

(60 분 후)

풀이 2) 12 30
3) 6 15 ⇨ 최소공배수: 2×3×2×5=60
2 5
따라서 두 기차가 바로 다음번에 동시에 출발하는 때는 60분 후입니다.

2 가로가 8 cm, 세로가 6 cm인 직사각형 모양의 도화지를 겹치지 않게 빈틈없이 늘어놓아 가장 작은 정사각형을 만들려고 합니다. 만들 수 있는 가장 작은 정사각형의 한 변의 길이는 몇 cm인가요?

(24 cm)

풀이 2) 8 6 ⇨ 최소공배수: 2×4×3=24
4 3
따라서 가장 작은 정사각형의 한 변의 길이는 24 cm입니다.

32

왼쪽 1, 2번과 같이 문제의 핵심 부분에 색칠하고, 문제를 풀어 보세요.

정답 7쪽

3 민재는 4일마다 도서관에 가고, 지은이는 6일마다 도서관에 갑니다. 오늘 민재와 지은이가 함께 도서관에 갔다면 바로 다음번에 두 사람이 함께 가는 날은 며칠 후인가요?

(12일 후)

풀이 2) 4 6 ⇨ 최소공배수: 2×2×3=12
2 3
따라서 바로 다음번에 두 사람이 함께 도서관에 가는 날은 12일 후입니다.

4 주호와 진아는 공원을 일정한 빠르기로 걷고 있습니다. 주호는 5분마다, 진아는 6분마다 공원을 한 바퀴 돕니다. 두 사람이 출발점에서 같은 방향으로 동시에 출발했다면 바로 다음번에 출발점에서 만나는 때는 몇 분 후인가요?

(30분 후)

풀이 5와 6의 최소공배수는 30이므로 두 사람이 바로 다음번에 출발점에서 만나는 때는 30분 후입니다.

5 민서는 3일마다, 준하는 4일마다 음악 학원에 갑니다. 6월 1일에 두 사람이 함께 음악 학원에 갔다면 바로 다음번에 함께 음악 학원에 가는 날은 몇 월 며칠인가요?

(6월 13일)

풀이 3과 4의 최소공배수는 12이므로 민서와 준하가 바로 다음번에 함께 음악 학원에 가는 날은 6월 1일의 12일 후인 6월 13일입니다.

6 꽃 박람회는 4년마다, 도서 박람회는 5년마다 열립니다. 2023년에 꽃 박람회와 도서 박람회가 동시에 열렸다면 바로 다음번에 두 박람회가 동시에 열리는 해는 몇 년인가요?

(2043년)

풀이 4와 5의 최소공배수는 20이므로 바로 다음번에 두 박람회가 동시에 열리는 해는 2023년의 20년 후인 2043년입니다.

33

34-35쪽

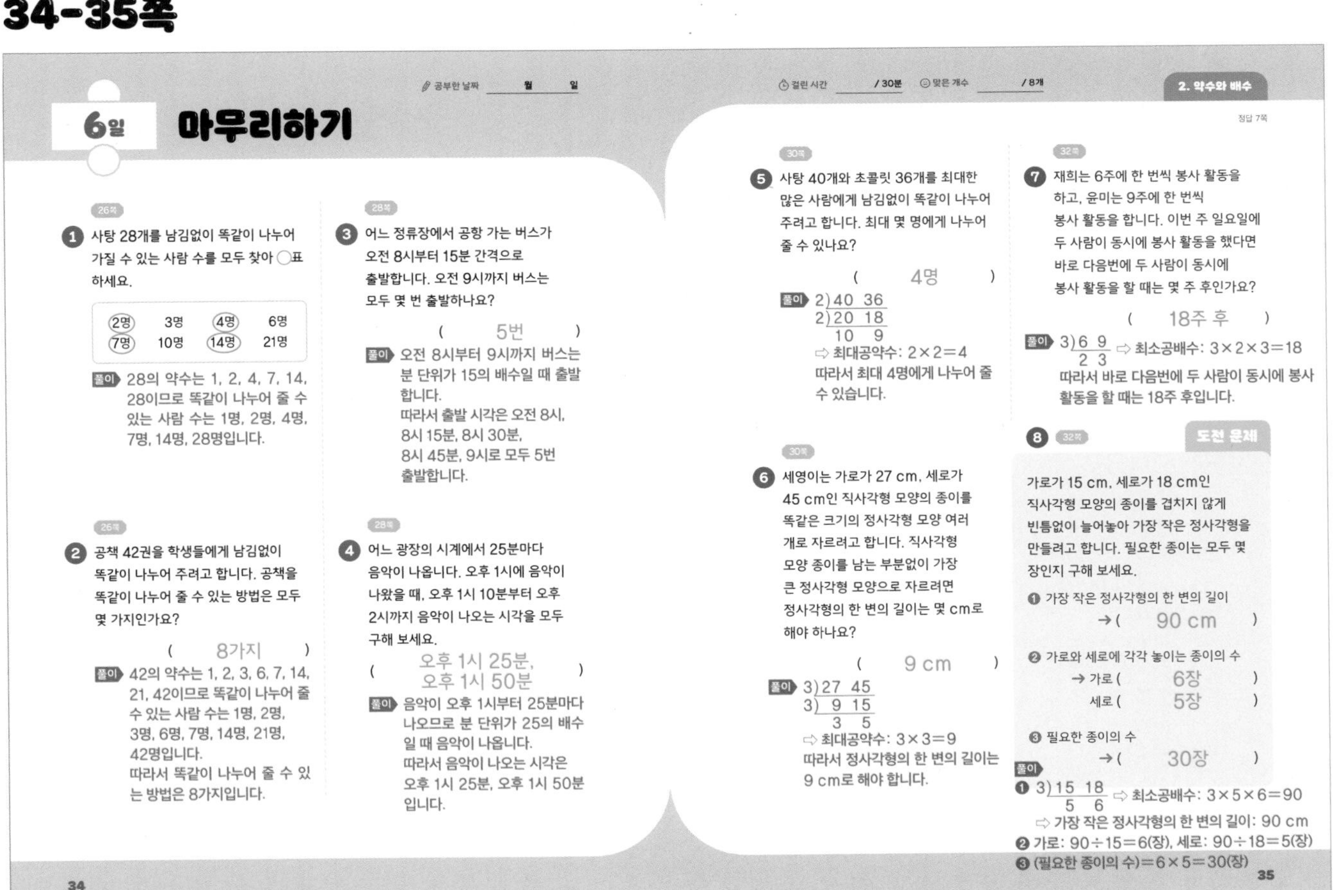

공부한 날짜 월 일

6일 마무리하기

26쪽
1 사탕 28개를 남김없이 똑같이 나누어 가질 수 있는 사람 수를 모두 찾아 ○표 하세요.

(2명)	3명	(4명)	6명
(7명)	10명	(14명)	21명

풀이 28의 약수는 1, 2, 4, 7, 14, 28이므로 똑같이 나누어 줄 수 있는 사람 수는 1명, 2명, 4명, 7명, 14명, 28명입니다.

26쪽
2 공책 42권을 학생들에게 남김없이 똑같이 나누어 주려고 합니다. 공책을 똑같이 나누어 줄 수 있는 방법은 모두 몇 가지인가요?

(8가지)

풀이 42의 약수는 1, 2, 3, 6, 7, 14, 21, 42이므로 똑같이 나누어 줄 수 있는 사람 수는 1명, 2명, 3명, 6명, 7명, 14명, 21명, 42명입니다.
따라서 똑같이 나누어 줄 수 있는 방법은 8가지입니다.

28쪽
3 어느 정류장에서 공항 가는 버스가 오전 8시부터 15분 간격으로 출발합니다. 오전 9시까지 버스는 모두 몇 번 출발하나요?

(5번)

풀이 오전 8시부터 9시까지 버스는 분 단위가 15의 배수일 때 출발합니다.
따라서 출발 시각은 오전 8시, 8시 15분, 8시 30분, 8시 45분, 9시로 모두 5번 출발합니다.

28쪽
4 어느 광장의 시계에서 25분마다 음악이 나옵니다. 오후 1시에 음악이 나왔을 때, 오후 1시 10분부터 오후 2시까지 음악이 나오는 시각을 모두 구해 보세요.

(오후 1시 25분, 오후 1시 50분)

풀이 음악이 오후 1시부터 25분마다 나오므로 분 단위가 25의 배수일 때 음악이 나옵니다.
따라서 음악이 나오는 시각은 오후 1시 25분, 오후 1시 50분입니다.

34

걸린 시간 /30분 맞은 개수 /8개

2. 약수와 배수

정답 7쪽

30쪽
5 사탕 40개와 초콜릿 36개를 최대한 많은 사람에게 남김없이 똑같이 나누어 주려고 합니다. 최대 몇 명에게 나누어 줄 수 있나요?

(4명)

풀이 2) 40 36
2) 20 18
10 9
⇨ 최대공약수: 2×2=4
따라서 최대 4명에게 나누어 줄 수 있습니다.

30쪽
6 세영이는 가로가 27 cm, 세로가 45 cm인 직사각형 모양의 종이를 똑같은 크기의 정사각형 모양 여러 개로 자르려고 합니다. 직사각형 모양 종이를 남는 부분없이 가장 큰 정사각형 모양으로 자르려면 정사각형의 한 변의 길이는 몇 cm로 해야 하나요?

(9 cm)

풀이 3) 27 45
3) 9 15
3 5
⇨ 최대공약수: 3×3=9
따라서 정사각형의 한 변의 길이는 9 cm로 해야 합니다.

32쪽
7 재희는 6주에 한 번씩 봉사 활동을 하고, 윤미는 9주에 한 번씩 봉사 활동을 합니다. 이번 주 일요일에 두 사람이 동시에 봉사 활동을 했다면 바로 다음번에 두 사람이 동시에 봉사 활동을 할 때는 몇 주 후인가요?

(18주 후)

풀이 3) 6 9 ⇨ 최소공배수: 3×2×3=18
2 3
따라서 바로 다음번에 두 사람이 동시에 봉사 활동을 할 때는 18주 후입니다.

8 32쪽 도전 문제

가로가 15 cm, 세로가 18 cm인 직사각형 모양의 종이를 겹치지 않게 빈틈없이 늘어놓아 가장 작은 정사각형을 만들려고 합니다. 필요한 종이는 모두 몇 장인지 구해 보세요.

❶ 가장 작은 정사각형의 한 변의 길이
→ (90 cm)

❷ 가로와 세로에 각각 놓이는 종이의 수
→ 가로 (6장)
세로 (5장)

❸ 필요한 종이의 수
→ (30장)

풀이
❶ 3) 15 18 ⇨ 최소공배수: 3×5×6=90
5 6
⇨ 가장 작은 정사각형의 한 변의 길이: 90 cm
❷ 가로: 90÷15=6(장), 세로: 90÷18=5(장)
❸ (필요한 종이의 수)=6×5=30(장)

35

3 규칙과 대응

38-39쪽

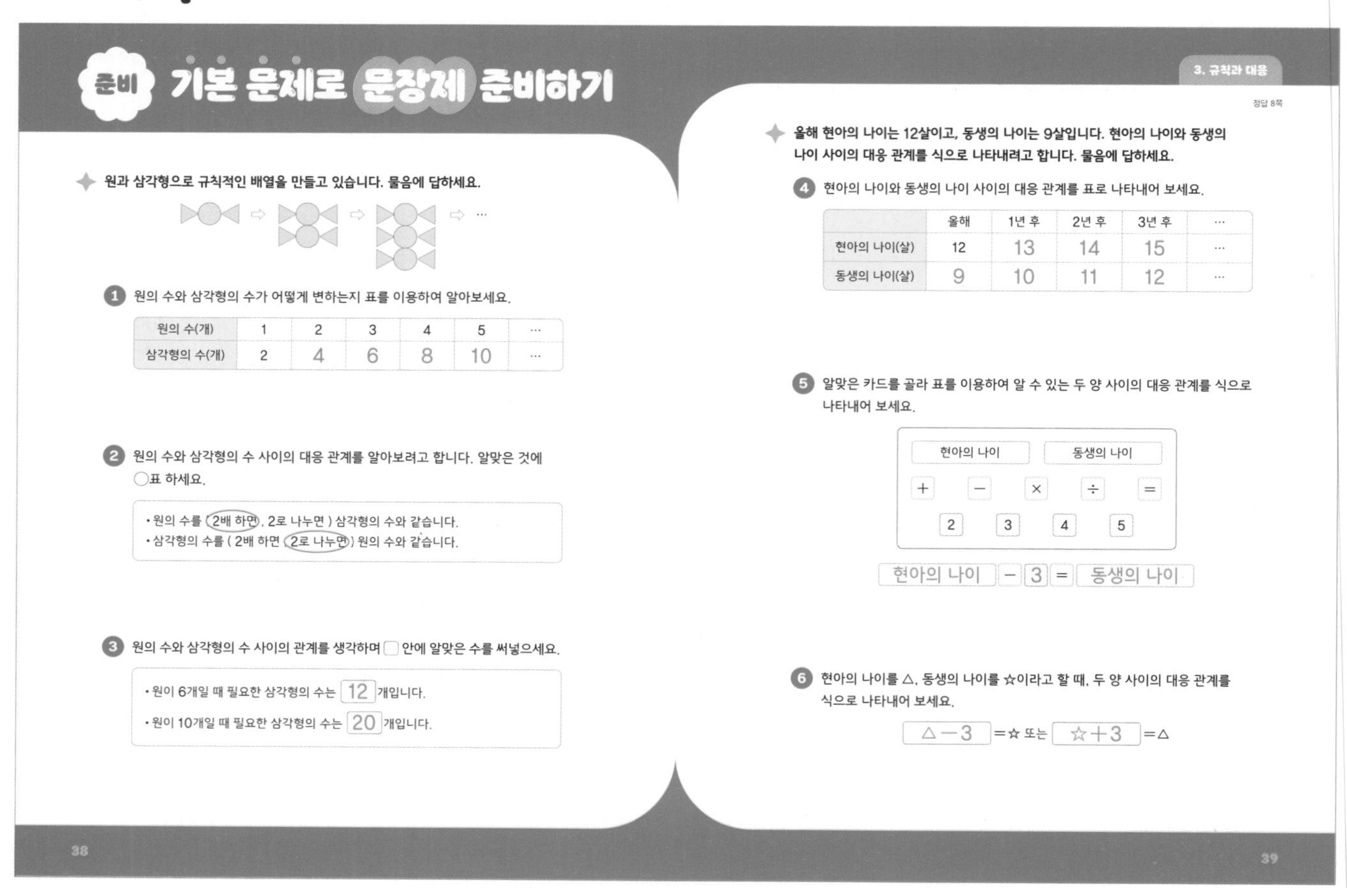

준비 기본 문제로 문장제 준비하기

3. 규칙과 대응

정답 8쪽

✦ 원과 삼각형으로 규칙적인 배열을 만들고 있습니다. 물음에 답하세요.

1 원의 수와 삼각형의 수가 어떻게 변하는지 표를 이용하여 알아보세요.

원의 수(개)	1	2	3	4	5	…
삼각형의 수(개)	2	4	6	8	10	…

2 원의 수와 삼각형의 수 사이의 대응 관계를 알아보려고 합니다. 알맞은 것에 ○표 하세요.

• 원의 수를 (2배 하면 , 2로 나누면) 삼각형의 수와 같습니다.
• 삼각형의 수를 (2배 하면 , 2로 나누면) 원의 수와 같습니다.

3 원의 수와 삼각형의 수 사이의 관계를 생각하며 □ 안에 알맞은 수를 써넣으세요.

• 원이 6개일 때 필요한 삼각형의 수는 12 개입니다.
• 원이 10개일 때 필요한 삼각형의 수는 20 개입니다.

✦ 올해 현아의 나이는 12살이고, 동생의 나이는 9살입니다. 현아의 나이와 동생의 나이 사이의 대응 관계를 식으로 나타내려고 합니다. 물음에 답하세요.

4 현아의 나이와 동생의 나이 사이의 대응 관계를 표로 나타내어 보세요.

	올해	1년 후	2년 후	3년 후	…
현아의 나이(살)	12	13	14	15	…
동생의 나이(살)	9	10	11	12	…

5 알맞은 카드를 골라 표를 이용하여 알 수 있는 두 양 사이의 대응 관계를 식으로 나타내어 보세요.

현아의 나이　동생의 나이
+　−　×　÷　=
2　3　4　5

현아의 나이 − 3 = 동생의 나이

6 현아의 나이를 △, 동생의 나이를 ☆이라고 할 때, 두 양 사이의 대응 관계를 식으로 나타내어 보세요.

△−3 =☆ 또는 ☆+3 =△

38　39

40-41쪽

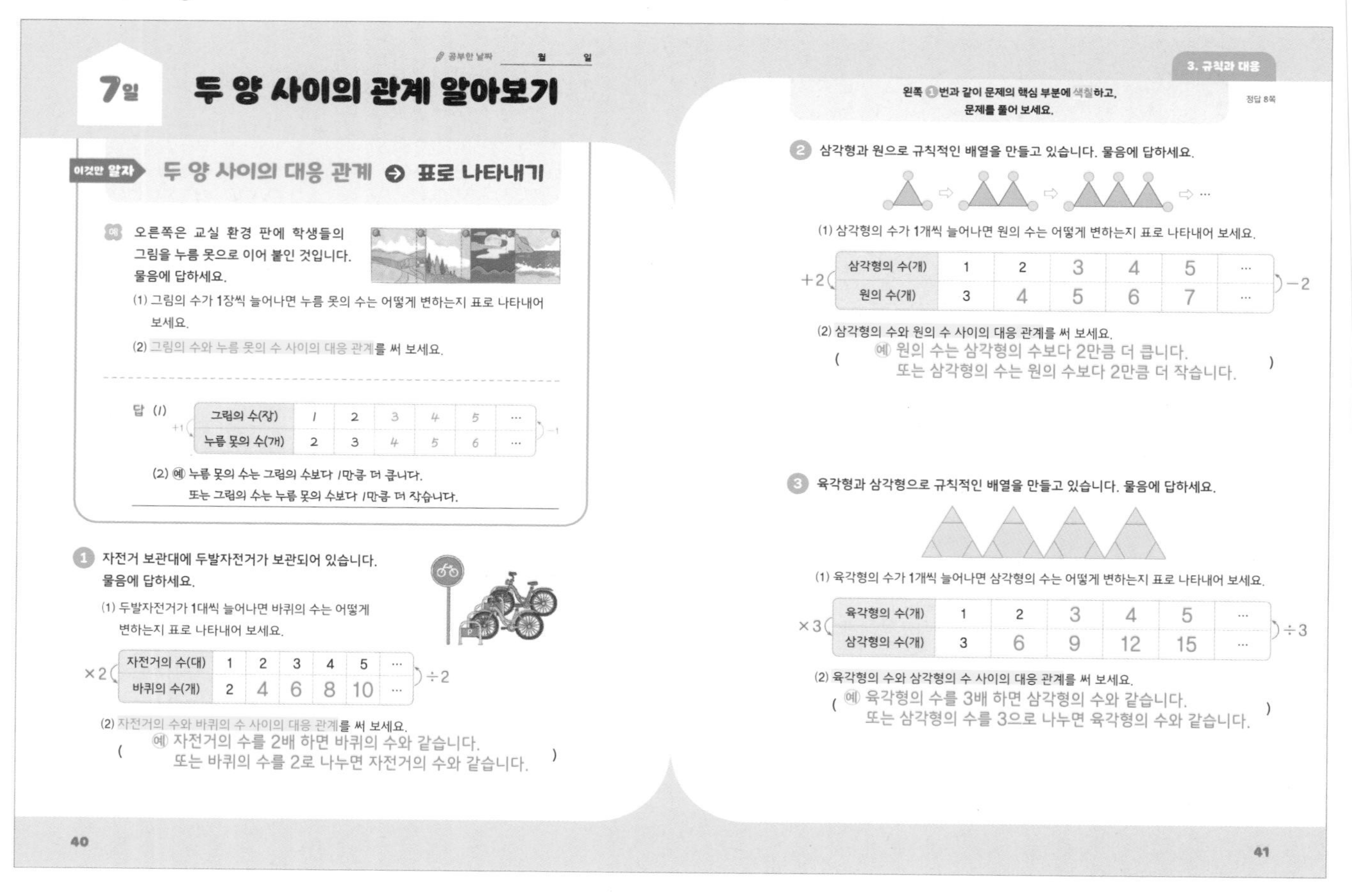

공부한 날짜 월 일

7일 두 양 사이의 관계 알아보기

3. 규칙과 대응

이것만 알자 두 양 사이의 대응 관계 ➔ 표로 나타내기

예 오른쪽은 교실 환경 판에 학생들의 그림을 누름 못으로 이어 붙인 것입니다. 물음에 답하세요.

(1) 그림의 수가 1장씩 늘어나면 누름 못의 수는 어떻게 변하는지 표로 나타내어 보세요.

(2) 그림의 수와 누름 못의 수 사이의 대응 관계를 써 보세요.

답 (1)

그림의 수(장)	1	2	3	4	5	…
누름 못의 수(개)	2	3	4	5	6	…

+1, −1

(2) 예 누름 못의 수는 그림의 수보다 1만큼 더 큽니다. 또는 그림의 수는 누름 못의 수보다 1만큼 더 작습니다.

1 자전거 보관대에 두발자전거가 보관되어 있습니다. 물음에 답하세요.

(1) 두발자전거가 1대씩 늘어나면 바퀴의 수는 어떻게 변하는지 표로 나타내어 보세요.

자전거의 수(대)	1	2	3	4	5	…
바퀴의 수(개)	2	4	6	8	10	…

×2, ÷2

(2) 자전거의 수와 바퀴의 수 사이의 대응 관계를 써 보세요.
(예 자전거의 수를 2배 하면 바퀴의 수와 같습니다. 또는 바퀴의 수를 2로 나누면 자전거의 수와 같습니다.)

왼쪽 1번과 같이 문제의 핵심 부분에 색칠하고, 문제를 풀어 보세요.

정답 8쪽

2 삼각형과 원으로 규칙적인 배열을 만들고 있습니다. 물음에 답하세요.

(1) 삼각형의 수가 1개씩 늘어나면 원의 수는 어떻게 변하는지 표로 나타내어 보세요.

삼각형의 수(개)	1	2	3	4	5	…
원의 수(개)	3	4	5	6	7	…

+2, −2

(2) 삼각형의 수와 원의 수 사이의 대응 관계를 써 보세요.
(예 원의 수는 삼각형의 수보다 2만큼 더 큽니다. 또는 삼각형의 수는 원의 수보다 2만큼 더 작습니다.)

3 육각형과 삼각형으로 규칙적인 배열을 만들고 있습니다. 물음에 답하세요.

(1) 육각형의 수가 1개씩 늘어나면 삼각형의 수는 어떻게 변하는지 표로 나타내어 보세요.

육각형의 수(개)	1	2	3	4	5	…
삼각형의 수(개)	3	6	9	12	15	…

×3, ÷3

(2) 육각형의 수와 삼각형의 수 사이의 대응 관계를 써 보세요.
(예 육각형의 수를 3배 하면 삼각형의 수와 같습니다. 또는 삼각형의 수를 3으로 나누면 육각형의 수와 같습니다.)

40　41

42-43쪽

7일 대응 관계를 식으로 나타내기(1)

이것만 알자 두 양 사이의 대응 관계를 식으로 나타내어
➔ 주어진 결괏값이 나오도록 식 완성하기

예 사각형의 꼭짓점은 4개입니다. 사각형의 수를 □, 꼭짓점의 수를 △라고 할 때, 두 양 사이의 대응 관계를 식으로 나타내어 보세요.

사각형의 수를 4배 하면 꼭짓점의 수와 같습니다.
⇨ (사각형의 수) × 4 = (꼭짓점의 수) ⇨ □ × 4 = △

답 □ × 4 = △

1 피자 한 판은 6조각입니다. 피자의 수를 ○, 피자 조각의 수를 ☆이라고 할 때, 두 양 사이의 대응 관계를 식으로 나타내어 보세요.

(○×6)=☆

풀이 피자의 수를 6배 하면 피자 조각의 수와 같습니다.
(피자의 수)×6=(피자 조각의 수) ⇨ ○×6=☆

2 시우네 집에서 기르는 강아지는 태어난 지 5개월 되었고, 고양이는 태어난 지 3개월 되었습니다. 강아지의 개월 수를 □, 고양이의 개월 수를 △라고 할 때, 두 양 사이의 대응 관계를 식으로 나타내어 보세요.

(△+2)=□

풀이 강아지의 개월 수는 고양이의 개월 수보다 2만큼 더 큽니다.
(고양이의 개월 수)+2=(강아지의 개월 수) ⇨ △+2=□

왼쪽 1, 2번과 같이 문제의 핵심 부분에 색칠하고, 문제를 풀어 보세요.

정답 9쪽

3 어느 박물관의 한 사람의 입장료는 3000원입니다. 입장한 사람의 수를 □, 입장료를 △라고 할 때, 두 양 사이의 대응 관계를 식으로 나타내어 보세요.

(□×3000)=△

풀이 사람 수를 3000배 하면 입장료와 같습니다.
(사람 수)×3000=(입장료) ⇨ □×3000=△

4 형과 동생이 저금통에 저금을 합니다. 형은 가지고 있던 500원을 먼저 저금했고, 두 사람은 내일부터 매일 100원씩 저금하기로 했습니다. 형이 모은 돈을 ○, 동생이 모은 돈을 ☆이라고 할 때, 두 양 사이의 대응 관계를 식으로 나타내어 보세요.

(○−500)=☆

풀이 형이 모은 돈에서 500원을 빼면 동생이 모은 돈이 됩니다.
(형이 모은 돈)−500=(동생이 모은 돈) ⇨ ○−500=☆

5 1분에 15 L의 물이 나오는 수도꼭지가 있습니다. 물이 나오는 시간을 ○(분), 나오는 물의 양을 △(L)라고 할 때, 두 양 사이의 대응 관계를 식으로 나타내어 보세요.

(○×15)=△

풀이 물이 나오는 시간을 15배 하면 나오는 물의 양과 같습니다.
(물이 나오는 시간)×15=(나오는 물의 양) ⇨ ○×15=△

44-45쪽

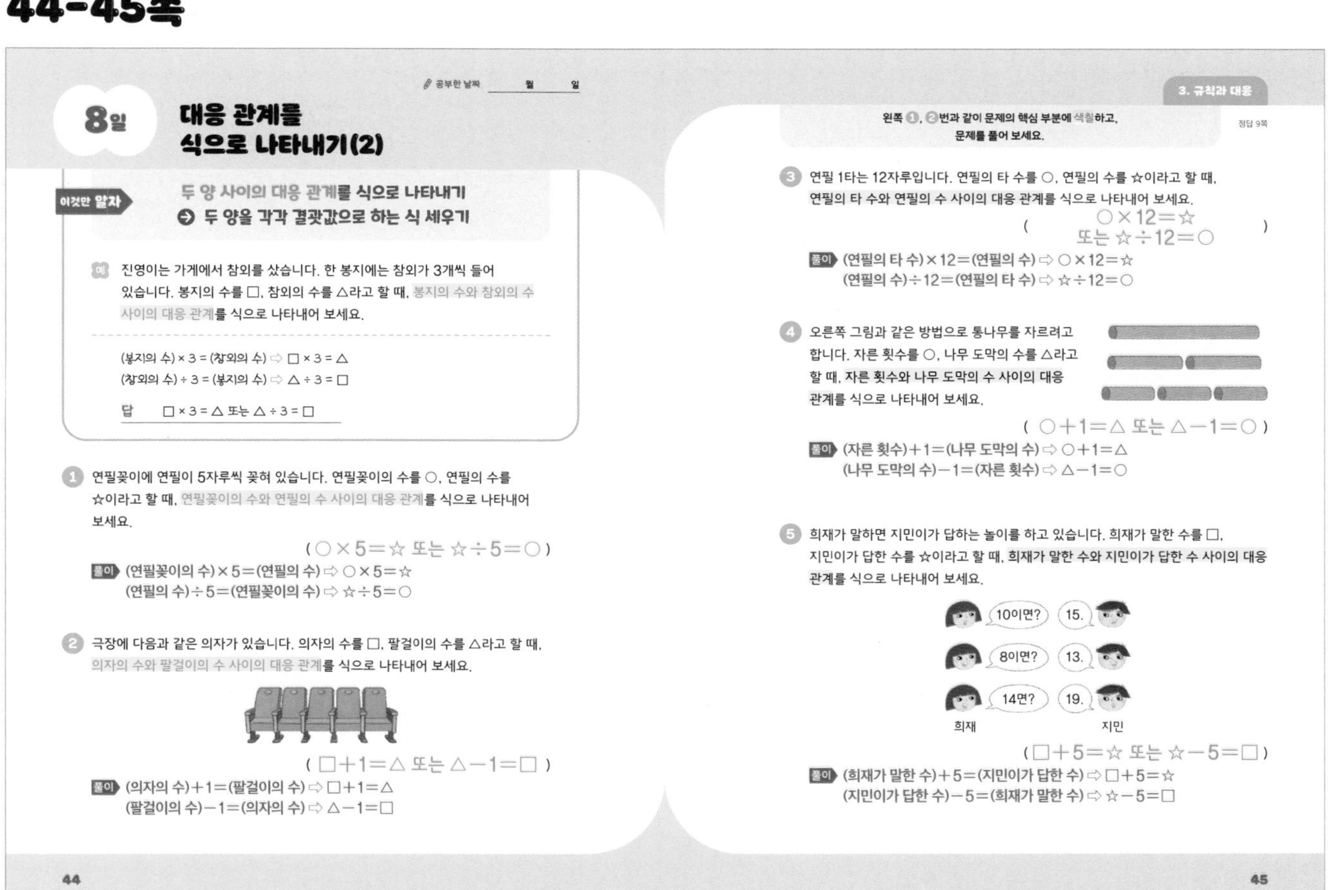
공부한 날짜 월 일

8일 대응 관계를 식으로 나타내기(2)

이것만 알자 두 양 사이의 대응 관계를 식으로 나타내기
➔ 두 양을 각각 결괏값으로 하는 식 세우기

예 진영이는 가게에서 참외를 샀습니다. 한 봉지에는 참외가 3개씩 들어 있습니다. 봉지의 수를 □, 참외의 수를 △라고 할 때, 봉지의 수와 참외의 수 사이의 대응 관계를 식으로 나타내어 보세요.

(봉지의 수) × 3 = (참외의 수) ⇨ □ × 3 = △
(참외의 수) ÷ 3 = (봉지의 수) ⇨ △ ÷ 3 = □

답 □ × 3 = △ 또는 △ ÷ 3 = □

1 연필꽂이에 연필이 5자루씩 꽂혀 있습니다. 연필꽂이의 수를 ○, 연필의 수를 ☆이라고 할 때, 연필꽂이의 수와 연필의 수 사이의 대응 관계를 식으로 나타내어 보세요.

(○×5=☆ 또는 ☆÷5=○)

풀이 (연필꽂이의 수)×5=(연필의 수) ⇨ ○×5=☆
(연필의 수)÷5=(연필꽂이의 수) ⇨ ☆÷5=○

2 극장에 다음과 같은 의자가 있습니다. 의자의 수를 □, 팔걸이의 수를 △라고 할 때, 의자의 수와 팔걸이의 수 사이의 대응 관계를 식으로 나타내어 보세요.

(□+1=△ 또는 △−1=□)

풀이 (의자의 수)+1=(팔걸이의 수) ⇨ □+1=△
(팔걸이의 수)−1=(의자의 수) ⇨ △−1=□

왼쪽 1, 2번과 같이 문제의 핵심 부분에 색칠하고, 문제를 풀어 보세요.

정답 9쪽

3 연필 1타는 12자루입니다. 연필의 타 수를 ○, 연필의 수를 ☆이라고 할 때, 연필의 타 수와 연필의 수 사이의 대응 관계를 식으로 나타내어 보세요.

(○×12=☆ 또는 ☆÷12=○)

풀이 (연필의 타 수)×12=(연필의 수) ⇨ ○×12=☆
(연필의 수)÷12=(연필의 타 수) ⇨ ☆÷12=○

4 오른쪽 그림과 같은 방법으로 통나무를 자르려고 합니다. 자른 횟수를 ○, 나무 도막의 수를 △라고 할 때, 자른 횟수와 나무 도막의 수 사이의 대응 관계를 식으로 나타내어 보세요.

(○+1=△ 또는 △−1=○)

풀이 (자른 횟수)+1=(나무 도막의 수) ⇨ ○+1=△
(나무 도막의 수)−1=(자른 횟수) ⇨ △−1=○

5 희재가 말하면 지민이가 답하는 놀이를 하고 있습니다. 희재가 말한 수를 □, 지민이가 답한 수를 ☆이라고 할 때, 희재가 말한 수와 지민이가 답한 수 사이의 대응 관계를 식으로 나타내어 보세요.

10이면?
15.
8이면?
13.
14면?
19.
희재
지민

(□+5=☆ 또는 ☆−5=□)

풀이 (희재가 말한 수)+5=(지민이가 답한 수) ⇨ □+5=☆
(지민이가 답한 수)−5=(희재가 말한 수) ⇨ ☆−5=□

3 규칙과 대응

46-47쪽

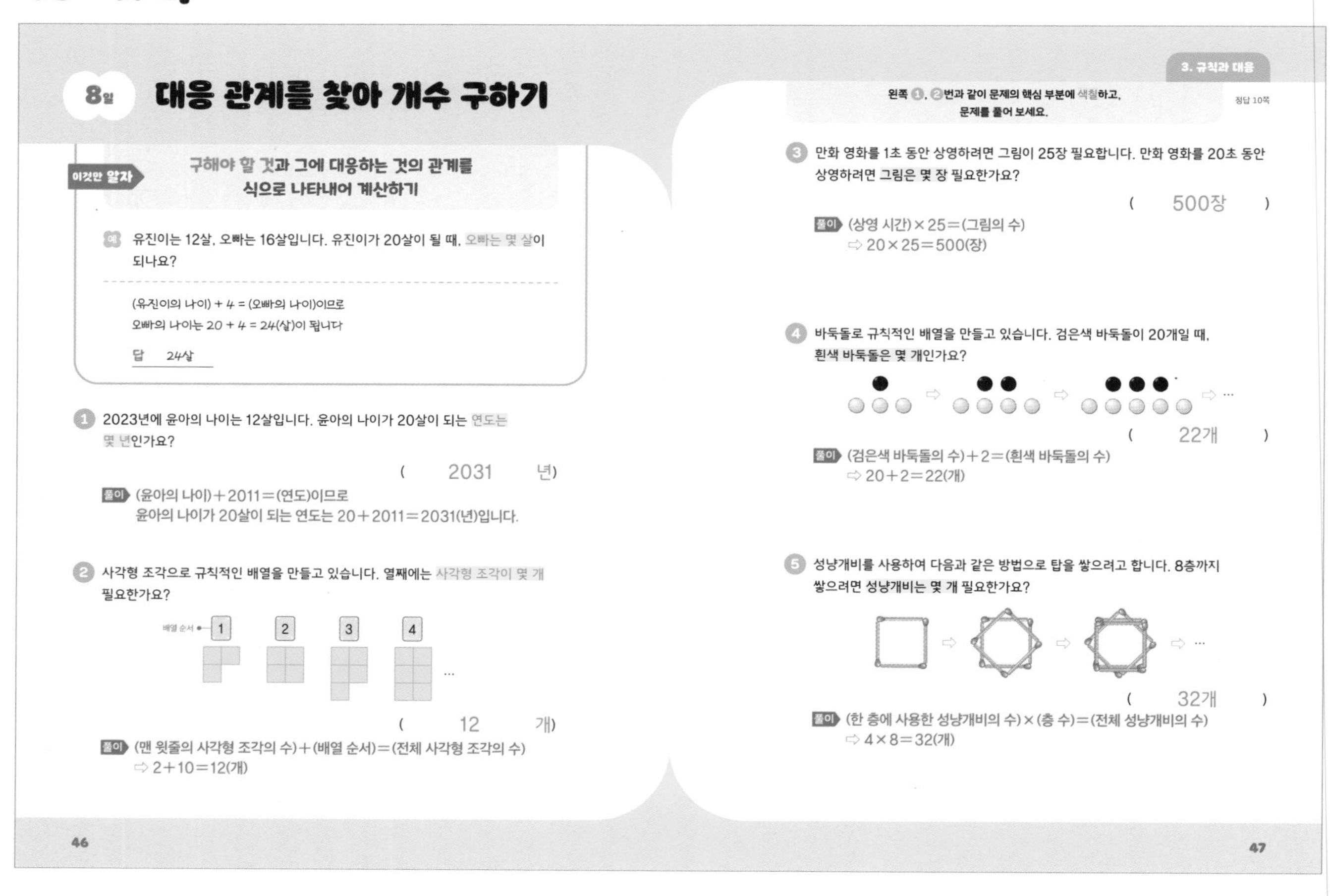

3. 규칙과 대응

8일 대응 관계를 찾아 개수 구하기

이것만 알자 구해야 할 것과 그에 대응하는 것의 관계를 식으로 나타내어 계산하기

예 유진이는 12살, 오빠는 16살입니다. 유진이가 20살이 될 때, 오빠는 몇 살이 되나요?

(유진이의 나이) + 4 = (오빠의 나이)이므로
오빠의 나이는 20 + 4 = 24(살)이 됩니다

답 24살

1 2023년에 윤아의 나이는 12살입니다. 윤아의 나이가 20살이 되는 연도는 몇 년인가요?

(2031 년)

풀이 (윤아의 나이)+2011=(연도)이므로
윤아의 나이가 20살이 되는 연도는 20+2011=2031(년)입니다.

2 사각형 조각으로 규칙적인 배열을 만들고 있습니다. 열째에는 사각형 조각이 몇 개 필요한가요?

배열 순서 1 2 3 4 …

(12 개)

풀이 (맨 윗줄의 사각형 조각의 수)+(배열 순서)=(전체 사각형 조각의 수)
⇨ 2+10=12(개)

왼쪽 1, 2번과 같이 문제의 핵심 부분에 색칠하고, 문제를 풀어 보세요.

정답 10쪽

3 만화 영화를 1초 동안 상영하려면 그림이 25장 필요합니다. 만화 영화를 20초 동안 상영하려면 그림은 몇 장 필요한가요?

(500장)

풀이 (상영 시간)×25=(그림의 수)
⇨ 20×25=500(장)

4 바둑돌로 규칙적인 배열을 만들고 있습니다. 검은색 바둑돌이 20개일 때, 흰색 바둑돌은 몇 개인가요?

(22개)

풀이 (검은색 바둑돌의 수)+2=(흰색 바둑돌의 수)
⇨ 20+2=22(개)

5 성냥개비를 사용하여 다음과 같은 방법으로 탑을 쌓으려고 합니다. 8층까지 쌓으려면 성냥개비는 몇 개 필요한가요?

(32개)

풀이 (한 층에 사용한 성냥개비의 수)×(층 수)=(전체 성냥개비의 수)
⇨ 4×8=32(개)

46 47

48-49쪽

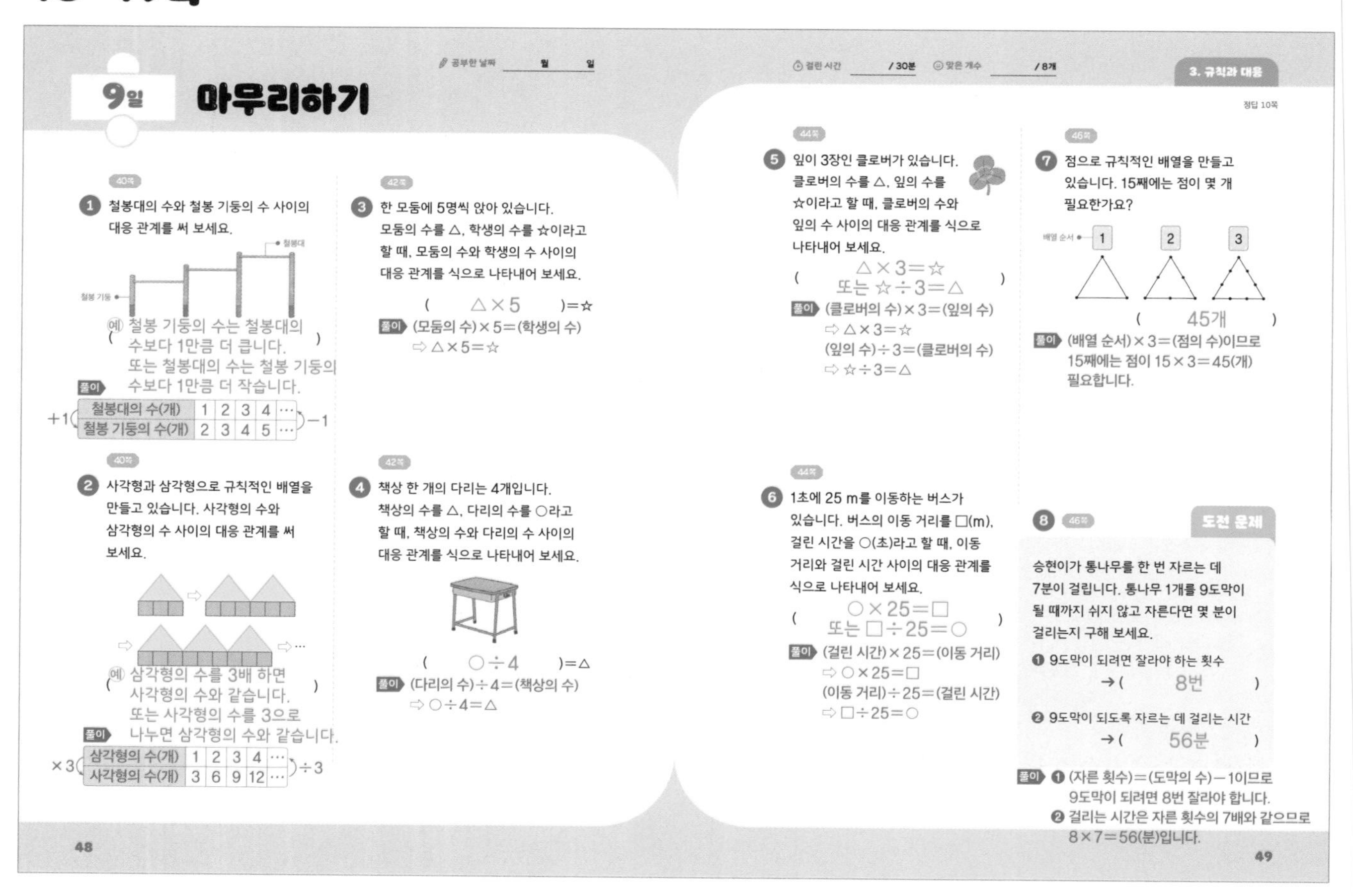

공부한 날짜 월 일 / 걸린 시간 /30분 / 맞은 개수 /8개

3. 규칙과 대응

9일 마무리하기

정답 10쪽

1 (40쪽) 철봉대의 수와 철봉 기둥의 수 사이의 대응 관계를 써 보세요.

철봉대 / 철봉 기둥

(예 철봉 기둥의 수는 철봉대의 수보다 1만큼 더 큽니다. 또는 철봉대의 수는 철봉 기둥의 수보다 1만큼 더 작습니다.)

풀이

철봉대의 수(개)	1	2	3	4	…
철봉 기둥의 수(개)	2	3	4	5	…

+1, −1

2 (40쪽) 사각형과 삼각형으로 규칙적인 배열을 만들고 있습니다. 사각형의 수와 삼각형의 수 사이의 대응 관계를 써 보세요.

(예 삼각형의 수를 3배 하면 사각형의 수와 같습니다. 또는 사각형의 수를 3으로 나누면 삼각형의 수와 같습니다.)

풀이

삼각형의 수(개)	1	2	3	4	…
사각형의 수(개)	3	6	9	12	…

×3, ÷3

3 (42쪽) 한 모둠에 5명씩 앉아 있습니다. 모둠의 수를 △, 학생의 수를 ☆이라고 할 때, 모둠의 수와 학생의 수 사이의 대응 관계를 식으로 나타내어 보세요.

(△×5)=☆

풀이 (모둠의 수)×5=(학생의 수)
⇨ △×5=☆

4 (42쪽) 책상 한 개의 다리는 4개입니다. 책상의 수를 △, 다리의 수를 ○라고 할 때, 책상의 수와 다리의 수 사이의 대응 관계를 식으로 나타내어 보세요.

(○÷4)=△

풀이 (다리의 수)÷4=(책상의 수)
⇨ ○÷4=△

5 (44쪽) 잎이 3장인 클로버가 있습니다. 클로버의 수를 △, 잎의 수를 ☆이라고 할 때, 클로버의 수와 잎의 수 사이의 대응 관계를 식으로 나타내어 보세요.

(△×3=☆ 또는 ☆÷3=△)

풀이 (클로버의 수)×3=(잎의 수)
⇨ △×3=☆
(잎의 수)÷3=(클로버의 수)
⇨ ☆÷3=△

6 (44쪽) 1초에 25 m를 이동하는 버스가 있습니다. 버스의 이동 거리를 □(m), 걸린 시간을 ○(초)라고 할 때, 이동 거리와 걸린 시간 사이의 대응 관계를 식으로 나타내어 보세요.

(○×25=□ 또는 □÷25=○)

풀이 (걸린 시간)×25=(이동 거리)
⇨ ○×25=□
(이동 거리)÷25=(걸린 시간)
⇨ □÷25=○

7 (46쪽) 점으로 규칙적인 배열을 만들고 있습니다. 15째에는 점이 몇 개 필요한가요?

배열 순서 1 2 3

(45개)

풀이 (배열 순서)×3=(점의 수)이므로 15째에는 점이 15×3=45(개) 필요합니다.

8 (46쪽) 도전 문제

승현이가 통나무를 한 번 자르는 데 7분이 걸립니다. 통나무 1개를 9도막이 될 때까지 쉬지 않고 자른다면 몇 분이 걸리는지 구해 보세요.

❶ 9도막이 되려면 잘라야 하는 횟수
→ (8번)

❷ 9도막이 되도록 자르는 데 걸리는 시간
→ (56분)

풀이 ❶ (자른 횟수)=(도막의 수)−1이므로 9도막이 되려면 8번 잘라야 합니다.
❷ 걸리는 시간은 자른 횟수의 7배와 같으므로 8×7=56(분)입니다.

48 49

4 약분과 통분

52-53쪽

준비 기본 문제로 문장제 준비하기

정답 11쪽

✦ 크기가 같은 분수를 구해 보세요.

❶ $\frac{2}{3}=\frac{4}{6}=\frac{6}{9}=\frac{8}{12}$

분모와 분자에 각각 0이 아닌 같은 수를 곱해요.

❷ $\frac{7}{9}=\frac{14}{18}=\frac{21}{27}=\frac{28}{36}$

❸ $\frac{12}{18}=\frac{6}{9}=\frac{4}{6}=\frac{2}{3}$

분모와 분자를 각각 0이 아닌 같은 수로 나누어요.

❹ $\frac{32}{40}=\frac{16}{20}=\frac{8}{10}=\frac{4}{5}$

✦ 약분한 분수를 모두 써 보세요.

❺ $\frac{12}{16}$ 분모와 분자를 그들의 공약수로 나누어요.
($\frac{6}{8}, \frac{3}{4}$)

❻ $\frac{18}{24}$
($\frac{9}{12}, \frac{6}{8}, \frac{3}{4}$)

❼ $\frac{30}{50}$
($\frac{15}{25}, \frac{6}{10}, \frac{3}{5}$)

❽ $\frac{40}{56}$
($\frac{20}{28}, \frac{10}{14}, \frac{5}{7}$)

✦ 분모의 최소공배수를 공통분모로 하여 통분해 보세요.

❾ $\left(\frac{1}{2}, \frac{3}{5}\right)$ ⇨ ($\frac{5}{10}$, $\frac{6}{10}$)

❿ $\left(\frac{2}{3}, \frac{6}{7}\right)$ ⇨ ($\frac{14}{21}$, $\frac{18}{21}$)

⓫ $\left(\frac{5}{6}, \frac{3}{8}\right)$ ⇨ ($\frac{20}{24}$, $\frac{9}{24}$)

⓬ $\left(\frac{4}{9}, \frac{7}{12}\right)$ ⇨ ($\frac{16}{36}$, $\frac{21}{36}$)

✦ 두 분수의 크기를 비교하여 ○ 안에 >, =, <를 알맞게 써넣으세요.

⓭ $\frac{4}{7}$ < $\frac{3}{5}$
풀이 $\left(\frac{4}{7}, \frac{3}{5}\right) \Rightarrow \left(\frac{20}{35}, \frac{21}{35}\right) \Rightarrow \frac{4}{7}<\frac{3}{5}$

⓮ $\frac{5}{8}$ > $\frac{2}{5}$
풀이 $\left(\frac{5}{8}, \frac{2}{5}\right) \Rightarrow \left(\frac{25}{40}, \frac{16}{40}\right) \Rightarrow \frac{5}{8}>\frac{2}{5}$

⓯ $\frac{3}{4}$ < $\frac{13}{16}$
풀이 $\left(\frac{3}{4}, \frac{13}{16}\right) \Rightarrow \left(\frac{12}{16}, \frac{13}{16}\right) \Rightarrow \frac{3}{4}<\frac{13}{16}$

⓰ $\frac{9}{10}$ > $\frac{11}{14}$
풀이 $\left(\frac{9}{10}, \frac{11}{14}\right) \Rightarrow \left(\frac{63}{70}, \frac{55}{70}\right) \Rightarrow \frac{9}{10}>\frac{11}{14}$

⓱ $\frac{8}{15}$ > $\frac{9}{20}$
풀이 $\left(\frac{8}{15}, \frac{9}{20}\right) \Rightarrow \left(\frac{32}{60}, \frac{27}{60}\right) \Rightarrow \frac{8}{15}>\frac{9}{20}$

54-55쪽

10일 크기가 같은 분수 만들기

공부한 날짜 월 일

정답 11쪽

이것만 알자 크기가 같은 분수 ➔ 분자와 분모에 각각 0이 아닌 같은 수를 곱하기(나누기)

예 $\frac{4}{7}$와 크기가 같은 분수를 분모가 작은 것부터 차례대로 3개 써 보세요.

$\frac{4}{7}$의 분모와 분자에 각각 0이 아닌 같은 수를 곱합니다.

$\frac{4}{7}=\frac{4\times2}{7\times2}=\frac{8}{14}, \frac{4}{7}=\frac{4\times3}{7\times3}=\frac{12}{21}, \frac{4}{7}=\frac{4\times4}{7\times4}=\frac{16}{28}$

답 $\frac{8}{14}, \frac{12}{21}, \frac{16}{28}$

❶ $\frac{2}{5}$와 크기가 같은 분수를 분모가 작은 것부터 차례대로 3개 써 보세요.
($\frac{4}{10}, \frac{6}{15}, \frac{8}{20}$)

풀이 $\frac{2}{5}$의 분모와 분자에 각각 0이 아닌 같은 수를 곱합니다.
$\frac{2}{5}=\frac{2\times2}{5\times2}=\frac{4}{10}, \frac{2}{5}=\frac{2\times3}{5\times3}=\frac{6}{15}, \frac{2}{5}=\frac{2\times4}{5\times4}=\frac{8}{20}$

❷ $\frac{16}{20}$과 크기가 같은 분수 중에서 분모가 20보다 작은 것을 모두 써 보세요.
($\frac{8}{10}, \frac{4}{5}$)

풀이 $\frac{16}{20}$의 분모와 분자를 각각 0이 아닌 같은 수로 나눕니다.
$\frac{16}{20}=\frac{16\div2}{20\div2}=\frac{8}{10}, \frac{16}{20}=\frac{16\div4}{20\div4}=\frac{4}{5}$

왼쪽 ❶, ❷번과 같이 문제의 핵심 부분에 색칠하고, 문제를 풀어 보세요.

❸ $\frac{3}{8}$과 크기가 같은 분수를 분모가 작은 것부터 차례대로 3개 써 보세요.
($\frac{6}{16}, \frac{9}{24}, \frac{12}{32}$)

풀이 $\frac{3}{8}$의 분모와 분자에 각각 0이 아닌 같은 수를 곱합니다.
$\frac{3}{8}=\frac{3\times2}{8\times2}=\frac{6}{16}, \frac{3}{8}=\frac{3\times3}{8\times3}=\frac{9}{24}, \frac{3}{8}=\frac{3\times4}{8\times4}=\frac{12}{32}$

❹ $\frac{24}{36}$와 크기가 같은 분수 중에서 분모가 6인 분수를 구해 보세요.
($\frac{4}{6}$)

풀이 $\frac{24}{36}=\frac{24\div6}{36\div6}=\frac{4}{6}$

❺ $\frac{5}{9}$와 크기가 같은 분수 중에서 분모가 45인 분수를 구해 보세요.
($\frac{25}{45}$)

풀이 $\frac{5}{9}=\frac{5\times5}{9\times5}=\frac{25}{45}$

❻ $\frac{3}{4}$과 크기가 같은 분수 중에서 분모와 분자의 합이 10보다 크고 30보다 작은 분수를 모두 구해 보세요.
($\frac{6}{8}, \frac{9}{12}, \frac{12}{16}$)

풀이 $\frac{3}{4}$과 크기가 같은 분수를 구하면
$\frac{3}{4}=\frac{6}{8}=\frac{9}{12}=\frac{12}{16}=\frac{15}{20}\cdots$입니다.
이 중에서 분모와 분자의 합이 10보다 크고 30보다 작은 분수는 $\frac{6}{8}, \frac{9}{12}, \frac{12}{16}$입니다.

4 약분과 통분

56-57쪽

10일 기약분수로 나타내기

이것만 알자
기약분수로 나타내어
➔ 더 이상 약분되지 않는 분수로 나타내기

귤 54개 중에서 18개를 먹었습니다. 먹은 귤 수는 전체 귤 수의 몇 분의 몇인지 기약분수로 나타내어 보세요.

$\frac{(\text{먹은 귤 수})}{(\text{전체 귤 수})}=\frac{18}{54}$

⇨ $\frac{18}{54}$을 기약분수로 나타내면 $\frac{18}{54}=\frac{18\div18}{54\div18}=\frac{1}{3}$입니다.

54와 18의 최대공약수

답 $\frac{1}{3}$

1 준호는 연필 45자루 중에서 20자루를 친구에게 주었습니다. 친구에게 준 연필 수는 전체 연필 수의 몇 분의 몇인지 기약분수로 나타내어 보세요.

($\frac{4}{9}$)

풀이 $\frac{(\text{친구에게 준 연필 수})}{(\text{전체 연필 수})}=\frac{20}{45}$

⇨ $\frac{20}{45}$을 기약분수로 나타내면 $\frac{20}{45}=\frac{20\div5}{45\div5}=\frac{4}{9}$입니다.

2 색종이 64장 중에서 40장으로 종이학을 만들었습니다. 남은 색종이 수는 전체 색종이 수의 몇 분의 몇인지 기약분수로 나타내어 보세요.

($\frac{3}{8}$)

풀이 (종이학을 만들고 남은 색종이 수)=64−40=24(장)

$\frac{(\text{남은 색종이 수})}{(\text{전체 색종이 수})}=\frac{24}{64}$

⇨ $\frac{24}{64}$를 기약분수로 나타내면 $\frac{24}{64}=\frac{24\div8}{64\div8}=\frac{3}{8}$입니다.

56

4. 약분과 통분

왼쪽 1, 2번과 같이 문제의 핵심 부분에 색칠하고, 문제를 풀어 보세요.

정답 12쪽

3 소희네 반 학생 28명 중에서 안경을 쓴 학생은 8명입니다. 소희네 반에서 안경을 쓰지 않은 학생 수는 전체 학생 수의 몇 분의 몇인지 기약분수로 나타내어 보세요.

($\frac{5}{7}$)

풀이 (안경을 쓰지 않은 학생 수)=28−8=20(명)

$\frac{(\text{안경을 쓰지 않은 학생 수})}{(\text{전체 학생 수})}=\frac{20}{28}$

⇨ $\frac{20}{28}$을 기약분수로 나타내면 $\frac{20}{28}=\frac{20\div4}{28\div4}=\frac{5}{7}$입니다.

4 빨간색 튤립 12송이와 노란색 튤립 8송이로 꽃다발을 만들었습니다. 노란색 튤립 수는 전체 튤립 수의 몇 분의 몇인지 기약분수로 나타내어 보세요.

($\frac{2}{5}$)

풀이 (전체 튤립 수)=12+8=20(송이)

$\frac{(\text{노란색 튤립 수})}{(\text{전체 튤립 수})}=\frac{8}{20}$

⇨ $\frac{8}{20}$을 기약분수로 나타내면 $\frac{8}{20}=\frac{8\div4}{20\div4}=\frac{2}{5}$입니다.

5 상자 안에 흰색 골프공 15개와 노란색 골프공 30개가 있습니다. 노란색 골프공 수는 전체 골프공 수의 몇 분의 몇인지 기약분수로 나타내어 보세요.

($\frac{2}{3}$)

풀이 (전체 골프공 수)=15+30=45(개)

$\frac{(\text{노란색 골프공 수})}{(\text{전체 골프공 수})}=\frac{30}{45}$

⇨ $\frac{30}{45}$을 기약분수로 나타내면 $\frac{30}{45}=\frac{30\div15}{45\div15}=\frac{2}{3}$입니다.

57

58-59쪽

공부한 날짜 월 일

11일 공통분모 찾기

이것만 알자
두 분수의 공통분모가 될 수 있는 수
➔ 두 분모의 공배수 찾기

$\frac{5}{6}$와 $\frac{1}{10}$을 통분하려고 합니다. 공통분모가 될 수 있는 수 중에서 100보다 작은 수를 모두 찾아 써 보세요.

공통분모가 될 수 있는 수는 두 분모의 공배수입니다.
6과 10의 최소공배수는 30이므로 공배수는 30, 60, 90, 120…입니다.
이 중에서 100보다 작은 수는 30, 60, 90입니다.

2) 6 10
3 5 ⇨ 최소공배수 2×3×5=30

답 30, 60, 90

1 $\frac{3}{4}$과 $\frac{2}{3}$를 통분하려고 합니다. 공통분모가 될 수 있는 수 중에서 50보다 작은 수를 모두 찾아 써 보세요.

(12, 24, 36, 48)

풀이 공통분모가 될 수 있는 수는 두 분모의 공배수입니다.
4와 3의 최소공배수는 12이므로 공배수는 12, 24, 36, 48, 60…입니다.
이 중에서 50보다 작은 수는 12, 24, 36, 48입니다.

2 $\frac{4}{9}$와 $\frac{5}{12}$를 통분하려고 합니다. 공통분모가 될 수 있는 수 중에서 100보다 작은 수를 모두 찾아 써 보세요.

(36, 72)

풀이 공통분모가 될 수 있는 수는 두 분모의 공배수입니다.
9와 12의 최소공배수는 36이므로 공배수는 36, 72, 108…입니다.
이 중에서 100보다 작은 수는 36, 72입니다.

58

4. 약분과 통분

왼쪽 1, 2번과 같이 문제의 핵심 부분에 색칠하고, 문제를 풀어 보세요.

정답 12쪽

3 $\frac{3}{8}$과 $\frac{1}{6}$을 통분하려고 합니다. 공통분모가 될 수 있는 수 중에서 100보다 작은 수는 모두 몇 개인가요?

(4개)

풀이 공통분모가 될 수 있는 수는 두 분모의 공배수입니다.
8과 6의 최소공배수는 24이므로 공배수는 24, 48, 72, 96, 120…입니다.
이 중에서 100보다 작은 수는 24, 48, 72, 96으로 모두 4개입니다.

4 $\frac{2}{9}$와 $\frac{7}{15}$을 통분하려고 합니다. 공통분모가 될 수 있는 수 중에서 100에 가장 가까운 수를 써 보세요.

(90)

풀이 공통분모가 될 수 있는 수는 두 분모의 공배수입니다.
9와 15의 최소공배수는 45이므로 공배수는 45, 90, 135…입니다.
이 중에서 100에 가장 가까운 수는 90입니다.

5 두 분수를 통분하려고 합니다. 공통분모가 될 수 있는 수 중에서 가장 작은 수를 구해 보세요.

$\left(\frac{9}{16}, \frac{5}{24}\right)$

(48)

풀이 공통분모가 될 수 있는 수 중에서 가장 작은 수는 두 분모의 최소공배수입니다.
⇨ 16과 24의 최소공배수는 48입니다.

6 두 분수를 통분하려고 합니다. 공통분모가 될 수 있는 수 중에서 50보다 크고 100보다 작은 수를 구해 보세요.

$\left(\frac{11}{12}, \frac{5}{18}\right)$

(72)

풀이 공통분모가 될 수 있는 수는 두 분모의 공배수입니다.
12와 18의 최소공배수는 36이므로 공배수는 36, 72, 108…입니다.
이 중에서 50보다 크고 100보다 작은 수는 72입니다.

59

60-61쪽

11일 더 많은(적은) 것 구하기

이것만 알자

더 많은(적은) 것은?
➔ 두 분수를 통분하여 더 큰(작은) 수 구하기

예 우유를 윤아는 $\frac{7}{12}$컵, 진수는 $\frac{3}{5}$컵 마셨습니다. 우유를 더 많이 마신 사람은 누구인가요?

두 분수를 통분하여 크기를 비교합니다.

$\left(\frac{7}{12}, \frac{3}{5}\right) \Rightarrow \left(\frac{35}{60}, \frac{36}{60}\right) \Rightarrow \frac{7}{12} < \frac{3}{5}$ (윤아, 진수)

따라서 우유를 더 많이 마신 사람은 진수입니다.

답 진수

더 무거운, 더 먼, 더 긴 → 더 큰 수를 구해요.
더 가벼운, 더 가까운, 더 짧은 → 더 작은 수를 구해요.

1 농장에서 딸기를 서연이는 $\frac{17}{20}$ kg, 민호는 $\frac{3}{4}$ kg 땄습니다. 딸기를 더 많이 딴 사람은 누구인가요?

(서연)

풀이 $\left(\frac{17}{20}, \frac{3}{4}\right) \Rightarrow \left(\frac{17}{20}, \frac{15}{20}\right) \Rightarrow \frac{17}{20} > \frac{3}{4}$
따라서 딸기를 더 많이 딴 사람은 서연입니다.

2 ㉮ 철사의 길이는 $\frac{2}{3}$ m, ㉯ 철사의 길이는 $\frac{5}{8}$ m입니다. ㉮와 ㉯ 철사 중 길이가 더 짧은 철사는 어느 것인가요?

(㉯ 철사)

풀이 $\left(\frac{2}{3}, \frac{5}{8}\right) \Rightarrow \left(\frac{16}{24}, \frac{15}{24}\right) \Rightarrow \frac{2}{3} > \frac{5}{8}$
따라서 길이가 더 짧은 철사는 ㉯ 철사입니다.

왼쪽 1, 2번과 같이 문제의 핵심 부분에 색칠하고, 비교해야 하는 두 분수에 밑줄을 그어 문제를 풀어 보세요.

정답 13쪽

3 사과의 무게는 $\frac{3}{10}$ kg, 오렌지의 무게는 $\frac{4}{15}$ kg입니다. 더 무거운 과일은 어느 것인가요?

(사과)

풀이 $\left(\frac{3}{10}, \frac{4}{15}\right) \Rightarrow \left(\frac{9}{30}, \frac{8}{30}\right) \Rightarrow \frac{3}{10} > \frac{4}{15}$
따라서 더 무거운 과일은 사과입니다.

4 학교에서 민서네 집까지의 거리는 $\frac{7}{9}$ km이고, 학교에서 준하네 집까지의 거리는 $\frac{5}{6}$ km입니다. 학교에서 더 가까운 곳은 누구네 집인가요?

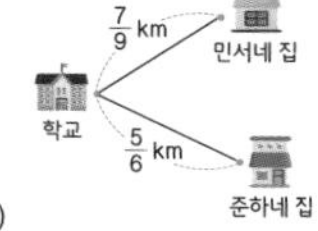

(민서네 집)

풀이 $\left(\frac{7}{9}, \frac{5}{6}\right) \Rightarrow \left(\frac{14}{18}, \frac{15}{18}\right) \Rightarrow \frac{7}{9} < \frac{5}{6}$
따라서 학교에서 더 가까운 곳은 민서네 집입니다.

5 물이 주전자에는 $1\frac{13}{20}$ L 들어 있고, 물통에는 1.7 L 들어 있습니다. 물이 더 많이 들어 있는 것은 어느 것인가요?

(물통)

풀이 소수를 분수로 나타내어 크기를 비교하면 $1.7 = 1\frac{7}{10}$이므로
$\left(1\frac{13}{20}, 1\frac{7}{10}\right) \Rightarrow \left(1\frac{13}{20}, 1\frac{14}{20}\right) \Rightarrow 1\frac{13}{20} < 1.7$입니다.
따라서 물이 더 많이 들어 있는 것은 물통입니다.

62-63쪽

12일 마무리하기

정답 13쪽

1 (54쪽) $\frac{6}{11}$과 크기가 같은 분수를 분모가 작은 것부터 차례대로 3개 써 보세요.

($\frac{12}{22}, \frac{18}{33}, \frac{24}{44}$)

풀이 $\frac{6}{11} = \frac{6\times2}{11\times2} = \frac{12}{22}$, $\frac{6}{11} = \frac{6\times3}{11\times3} = \frac{18}{33}$, $\frac{6}{11} = \frac{6\times4}{11\times4} = \frac{24}{44}$

2 (54쪽) $\frac{3}{5}$과 크기가 같은 분수 중에서 분모와 분자의 합이 20보다 크고 30보다 작은 분수를 구해 보세요.

($\frac{9}{15}$)

풀이 $\frac{3}{5}$과 크기가 같은 분수를 구하면
$\frac{3}{5} = \frac{6}{10} = \frac{9}{15} = \frac{12}{20} = \cdots$입니다.
따라서 분모와 분자의 합이 20보다 크고 30보다 작은 분수는 $\frac{9}{15}$입니다.

3 (56쪽) 과수원에 있는 나무 75그루 중에서 사과나무가 36그루입니다. 사과나무 수는 전체 나무 수의 몇 분의 몇인지 기약분수로 나타내어 보세요.

($\frac{12}{25}$)

풀이 $\frac{(\text{사과나무 수})}{(\text{전체 나무 수})} = \frac{36}{75}$이므로
기약분수로 나타내면
$\frac{36}{75} = \frac{36\div3}{75\div3} = \frac{12}{25}$입니다.

4 (56쪽) 지혜네 반 학급 문고에는 책이 132권 있습니다. 이 중에서 동화책이 72권이고 나머지는 모두 위인전입니다. 위인전 수는 전체 학급 문고 수의 몇 분의 몇인지 기약분수로 나타내어 보세요.

($\frac{5}{11}$)

풀이 (위인전 수)=132−72=60(권)
$\frac{(\text{위인전 수})}{(\text{전체 학급 문고 수})} = \frac{60}{132}$이므로
기약분수로 나타내면
$\frac{60}{132} = \frac{60\div12}{132\div12} = \frac{5}{11}$입니다.

5 (58쪽) $\frac{6}{7}$과 $\frac{1}{3}$을 통분하려고 합니다. 공통분모가 될 수 있는 수 중에서 50보다 작은 수를 모두 찾아 써 보세요.

(21, 42)

풀이 공통분모가 될 수 있는 수는 두 분모의 공배수입니다.
7과 3의 최소공배수는 21이므로 공배수는 21, 42, 63, 84…입니다.
이 중에서 50보다 작은 수는 21, 42입니다.

6 (58쪽) 두 분수를 통분하려고 합니다. 공통분모가 될 수 있는 수 중에서 50보다 크고 100보다 작은 수를 구해 보세요.

$\left(\frac{7}{15}, \frac{1}{4}\right)$

(60)

풀이 공통분모가 될 수 있는 수는 두 분모의 공배수입니다.
15와 4의 최소공배수는 60이므로 공배수는 60, 120…입니다.
이 중에서 50보다 크고 100보다 작은 수는 60입니다.

7 (60쪽) 가로가 $\frac{7}{9}$ m, 세로가 $\frac{6}{7}$ m인 직사각형이 있습니다. 이 직사각형의 가로와 세로 중 더 긴 변은 어느 것인가요?

(세로)

풀이 $\left(\frac{7}{9}, \frac{6}{7}\right) \Rightarrow \left(\frac{49}{63}, \frac{54}{63}\right) \Rightarrow \frac{7}{9} < \frac{6}{7}$
따라서 더 긴 변은 세로입니다.

8 (60쪽) **도전 문제**

㉮ 공의 무게는 $\frac{4}{5}$ kg, ㉯ 공의 무게는 $\frac{7}{12}$ kg, ㉰ 공의 무게는 $\frac{5}{9}$ kg입니다. 세 공 중에서 가장 가벼운 공은 어느 것인지 구해 보세요.

❶ ㉮ 공과 ㉯ 공의 무게 비교
㉮ 공 (>) ㉯ 공

❷ ㉯ 공과 ㉰ 공의 무게 비교
㉯ 공 (>) ㉰ 공

❸ 가장 가벼운 공
→ (㉰ 공)

풀이 ❶ $\left(\frac{4}{5}, \frac{7}{12}\right) \Rightarrow \left(\frac{48}{60}, \frac{35}{60}\right) \Rightarrow \frac{4}{5} > \frac{7}{12}$
❷ $\left(\frac{7}{12}, \frac{5}{9}\right) \Rightarrow \left(\frac{21}{36}, \frac{20}{36}\right) \Rightarrow \frac{7}{12} > \frac{5}{9}$
❸ $\frac{4}{5} > \frac{7}{12} > \frac{5}{9}$이므로 가장 가벼운 공은 ㉰ 공입니다.

5 분수의 덧셈과 뺄셈

66-67쪽

❗계산 결과를 대분수로 나타내지 않아도 정답으로 인정합니다.

준비 계산으로 문장제 준비하기

정답 14쪽

✦ 계산을 하여 기약분수로 나타내어 보세요.

1. $\frac{2}{7}+\frac{1}{4}=\frac{15}{28}$ → 두 분수를 통분한 다음 분모는 그대로 두고 분자끼리 더해요.
2. $\frac{2}{3}+\frac{1}{5}=\frac{13}{15}$
3. $2\frac{5}{12}+\frac{3}{16}=2\frac{29}{48}$
4. $4\frac{1}{2}+2\frac{1}{6}=6\frac{2}{3}$
5. $5\frac{1}{5}+2\frac{1}{2}=7\frac{7}{10}$
6. $\frac{5}{6}+\frac{7}{8}=1\frac{17}{24}$
7. $\frac{1}{2}+\frac{5}{8}=1\frac{1}{8}$
8. $1\frac{1}{6}+\frac{6}{7}=2\frac{1}{42}$
9. $4\frac{3}{8}+2\frac{3}{4}=7\frac{1}{8}$
10. $3\frac{3}{4}+1\frac{2}{5}=5\frac{3}{20}$
11. $\frac{5}{6}-\frac{5}{18}=\frac{5}{9}$ → 두 분수를 통분한 다음 분모는 그대로 두고 분자끼리 빼요.
12. $\frac{3}{5}-\frac{2}{7}=\frac{11}{35}$
13. $1\frac{2}{3}-\frac{1}{4}=1\frac{5}{12}$
14. $3\frac{4}{5}-\frac{7}{10}=3\frac{1}{10}$
15. $2\frac{1}{2}-1\frac{4}{9}=1\frac{1}{18}$
16. $2\frac{4}{15}-\frac{5}{9}=1\frac{32}{45}$
17. $3\frac{1}{5}-1\frac{1}{2}=1\frac{7}{10}$
18. $3\frac{1}{3}-1\frac{3}{4}=1\frac{7}{12}$
19. $4\frac{2}{5}-2\frac{5}{6}=1\frac{17}{30}$
20. $5\frac{1}{6}-2\frac{2}{9}=2\frac{17}{18}$

68-69쪽

❗계산 결과를 기약분수나 대분수로 나타내지 않아도 정답으로 인정합니다.

공부한 날짜 월 일

13일 모두 몇인지 구하기

정답 14쪽

이것만 알자 모두 몇 개 ➔ 두 수를 더하기

냉장고에 사과 $\frac{2}{9}$ kg과 배 $\frac{2}{3}$ kg이 들어 있습니다. 냉장고에 들어 있는 사과와 배는 모두 몇 kg인가요?

(냉장고에 들어 있는 사과와 배의 무게)
=(냉장고에 들어 있는 사과의 무게)+(냉장고에 들어 있는 배의 무게)

식 $\frac{2}{9}+\frac{2}{3}=\frac{8}{9}$ 답 $\frac{8}{9}$ kg

1. 도율이는 선물 상자를 묶는 데 파란색 끈 $\frac{5}{6}$ m와 노란색 끈 $\frac{3}{8}$ m를 사용했습니다. 도율이가 사용한 끈은 모두 몇 m인가요?

식 $\frac{5}{6}+\frac{3}{8}=1\frac{5}{24}$ 답 $1\frac{5}{24}$ m

풀이 (사용한 끈의 길이)
=(파란색 끈의 길이)+(노란색 끈의 길이)
$=\frac{5}{6}+\frac{3}{8}=\frac{20}{24}+\frac{9}{24}=\frac{29}{24}=1\frac{5}{24}$(m)

2. 음식물 쓰레기를 어제는 $\frac{3}{4}$ kg, 오늘은 $1\frac{1}{6}$ kg 버렸습니다. 어제와 오늘 버린 음식물 쓰레기는 모두 몇 kg인가요?

식 $\frac{3}{4}+1\frac{1}{6}=1\frac{11}{12}$ 답 $1\frac{11}{12}$ kg

풀이 (어제와 오늘 버린 음식물 쓰레기의 양)
=(어제 버린 음식물 쓰레기의 양)+(오늘 버린 음식물 쓰레기의 양)
$=\frac{3}{4}+1\frac{1}{6}=\frac{9}{12}+1\frac{2}{12}=1\frac{11}{12}$(kg)

왼쪽 ①, ②번과 같이 문제의 핵심 부분에 색칠하고, 계산해야 하는 두 분수에 밑줄을 그어 문제를 풀어 보세요.

3. 민지는 달리기를 어제 $\frac{1}{2}$시간 동안 했고, 오늘 $\frac{7}{10}$시간 동안 했습니다. 민지가 어제와 오늘 달리기를 한 시간은 모두 몇 시간인가요?

식 $\frac{1}{2}+\frac{7}{10}=1\frac{1}{5}$ 답 $1\frac{1}{5}$시간

풀이 (민지가 어제와 오늘 달리기를 한 시간)
=(어제 달리기를 한 시간)+(오늘 달리기를 한 시간)
$=\frac{1}{2}+\frac{7}{10}=\frac{5}{10}+\frac{7}{10}=\frac{12}{10}=1\frac{2}{10}=1\frac{1}{5}$(시간)

4. 윤찬이와 수아는 농장에서 딸기를 땄습니다. 윤찬이는 $3\frac{2}{9}$ kg을 땄고, 수아는 $2\frac{6}{7}$ kg을 땄습니다. 두 사람이 딴 딸기는 모두 몇 kg인가요?

식 $3\frac{2}{9}+2\frac{6}{7}=6\frac{5}{63}$ 답 $6\frac{5}{63}$ kg

풀이 (윤찬이와 수아가 딴 딸기의 양)
=(윤찬이가 딴 딸기의 양)+(수아가 딴 딸기의 양)
$=3\frac{2}{9}+2\frac{6}{7}=3\frac{14}{63}+2\frac{54}{63}=5\frac{68}{63}=6\frac{5}{63}$(kg)

5. 파이를 만드는 데 밀가루는 $1\frac{9}{10}$ 컵, 버터는 $\frac{4}{5}$ 컵이 필요합니다. 파이를 만드는 데 필요한 밀가루와 버터는 모두 몇 컵인가요?

식 $1\frac{9}{10}+\frac{4}{5}=2\frac{7}{10}$

답 $2\frac{7}{10}$컵

풀이 (파이를 만들기 위해 필요한 밀가루와 버터의 양)
=(필요한 밀가루의 양)+(필요한 버터의 양)
$=1\frac{9}{10}+\frac{4}{5}=1\frac{9}{10}+\frac{8}{10}=1\frac{17}{10}=2\frac{7}{10}$(컵)

70-71쪽

❶ 계산 결과를 기약분수나 대분수로 나타내지 않아도 정답으로 인정합니다.

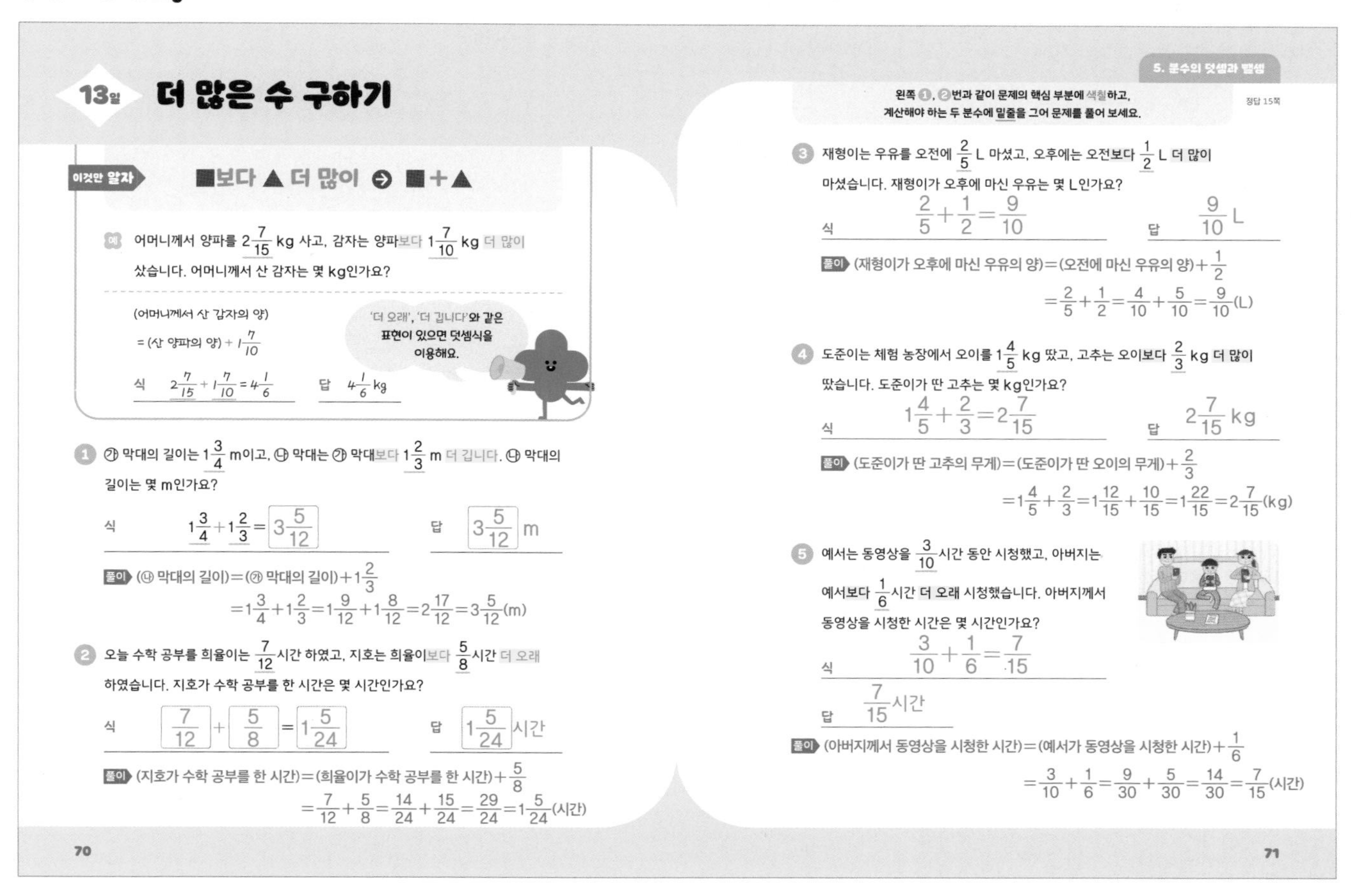

13일 더 많은 수 구하기

이것만 알자 ■보다 ▲ 더 많이 → ■+▲

예 어머니께서 양파를 $2\frac{7}{15}$ kg 사고, 감자는 양파보다 $1\frac{7}{10}$ kg 더 많이 샀습니다. 어머니께서 산 감자는 몇 kg인가요?

(어머니께서 산 감자의 양)
=(산 양파의 양) + $1\frac{7}{10}$

'더 오래', '더 깁니다'와 같은 표현이 있으면 덧셈식을 이용해요.

식 $2\frac{7}{15}+1\frac{7}{10}=4\frac{1}{6}$ 답 $4\frac{1}{6}$ kg

1 ㉮ 막대의 길이는 $1\frac{3}{4}$ m이고, ㉯ 막대는 ㉮ 막대보다 $1\frac{2}{3}$ m 더 깁니다. ㉯ 막대의 길이는 몇 m인가요?

식 $1\frac{3}{4}+1\frac{2}{3}=3\frac{5}{12}$ 답 $3\frac{5}{12}$ m

풀이 (㉯ 막대의 길이)=(㉮ 막대의 길이)+$1\frac{2}{3}$
$=1\frac{3}{4}+1\frac{2}{3}=1\frac{9}{12}+1\frac{8}{12}=2\frac{17}{12}=3\frac{5}{12}$(m)

2 오늘 수학 공부를 희율이는 $\frac{7}{12}$시간 하였고, 지호는 희율이보다 $\frac{5}{8}$시간 더 오래 하였습니다. 지호가 수학 공부를 한 시간은 몇 시간인가요?

식 $\frac{7}{12}+\frac{5}{8}=1\frac{5}{24}$ 답 $1\frac{5}{24}$시간

풀이 (지호가 수학 공부를 한 시간)=(희율이가 수학 공부를 한 시간)+$\frac{5}{8}$
$=\frac{7}{12}+\frac{5}{8}=\frac{14}{24}+\frac{15}{24}=\frac{29}{24}=1\frac{5}{24}$(시간)

왼쪽 ❶, ❷번과 같이 문제의 핵심 부분에 색칠하고, 계산해야 하는 두 분수에 밑줄을 그어 문제를 풀어 보세요.

정답 15쪽

3 재형이는 우유를 오전에 $\frac{2}{5}$ L 마셨고, 오후에는 오전보다 $\frac{1}{2}$ L 더 많이 마셨습니다. 재형이가 오후에 마신 우유는 몇 L인가요?

식 $\frac{2}{5}+\frac{1}{2}=\frac{9}{10}$ 답 $\frac{9}{10}$ L

풀이 (재형이가 오후에 마신 우유의 양)=(오전에 마신 우유의 양)+$\frac{1}{2}$
$=\frac{2}{5}+\frac{1}{2}=\frac{4}{10}+\frac{5}{10}=\frac{9}{10}$(L)

4 도준이는 체험 농장에서 오이를 $1\frac{4}{5}$ kg 땄고, 고추는 오이보다 $\frac{2}{3}$ kg 더 많이 땄습니다. 도준이가 딴 고추는 몇 kg인가요?

식 $1\frac{4}{5}+\frac{2}{3}=2\frac{7}{15}$ 답 $2\frac{7}{15}$ kg

풀이 (도준이가 딴 고추의 무게)=(도준이가 딴 오이의 무게)+$\frac{2}{3}$
$=1\frac{4}{5}+\frac{2}{3}=1\frac{12}{15}+\frac{10}{15}=1\frac{22}{15}=2\frac{7}{15}$(kg)

5 예서는 동영상을 $\frac{3}{10}$시간 동안 시청했고, 아버지는 예서보다 $\frac{1}{6}$시간 더 오래 시청했습니다. 아버지께서 동영상을 시청한 시간은 몇 시간인가요?

식 $\frac{3}{10}+\frac{1}{6}=\frac{7}{15}$ 답 $\frac{7}{15}$시간

풀이 (아버지께서 동영상을 시청한 시간)=(예서가 동영상을 시청한 시간)+$\frac{1}{6}$
$=\frac{3}{10}+\frac{1}{6}=\frac{9}{30}+\frac{5}{30}=\frac{14}{30}=\frac{7}{15}$(시간)

72-73쪽

❶ 계산 결과를 기약분수나 대분수로 나타내지 않아도 정답으로 인정합니다.

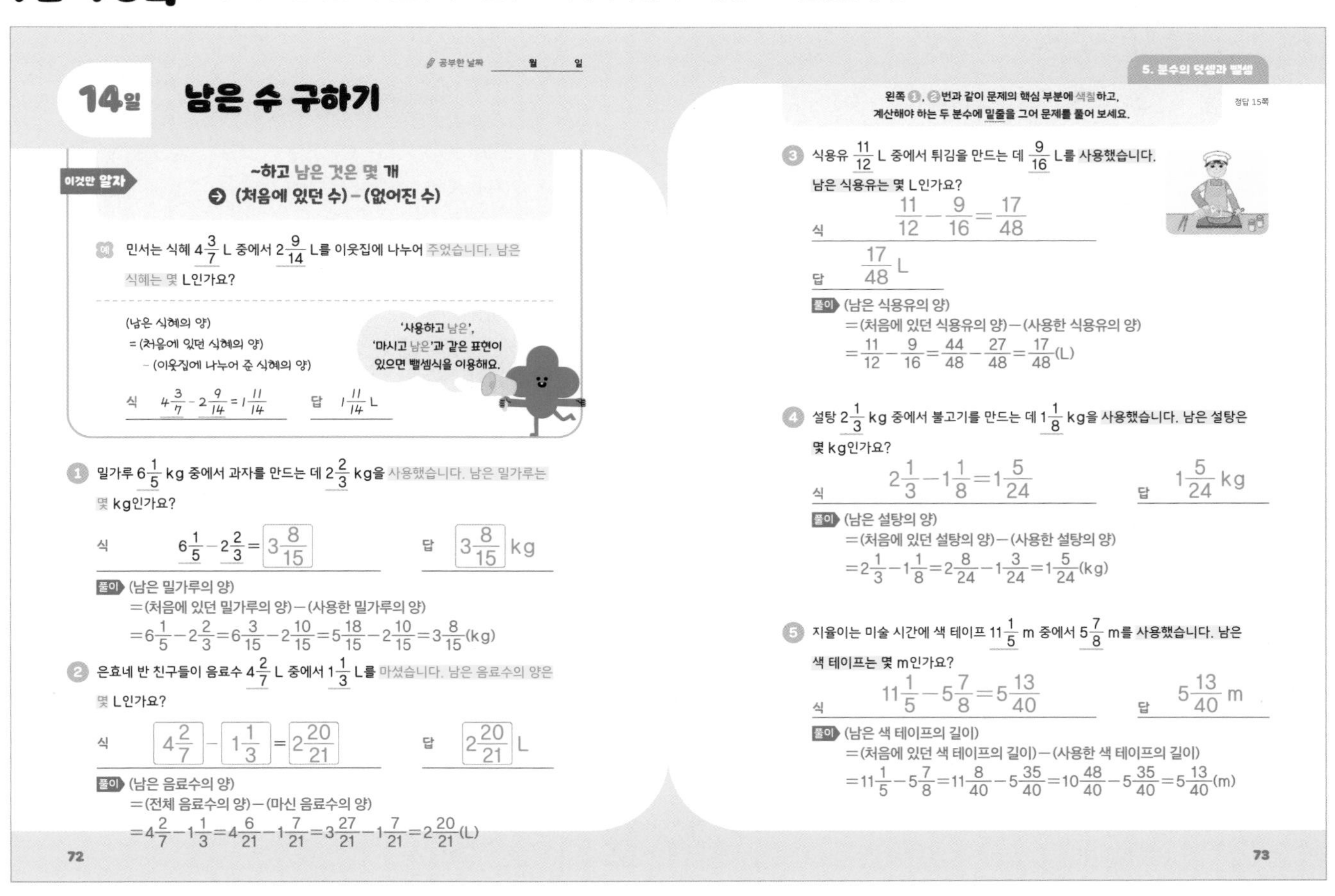

14일 남은 수 구하기

공부한 날짜 월 일

이것만 알자 ~하고 남은 것은 몇 개 → (처음에 있던 수)−(없어진 수)

예 민서는 식혜 $4\frac{3}{7}$ L 중에서 $2\frac{9}{14}$ L를 이웃집에 나누어 주었습니다. 남은 식혜는 몇 L인가요?

(남은 식혜의 양)
=(처음에 있던 식혜의 양)
−(이웃집에 나누어 준 식혜의 양)

'사용하고 남은', '마시고 남은'과 같은 표현이 있으면 뺄셈식을 이용해요.

식 $4\frac{3}{7}-2\frac{9}{14}=1\frac{11}{14}$ 답 $1\frac{11}{14}$ L

1 밀가루 $6\frac{1}{5}$ kg 중에서 과자를 만드는 데 $2\frac{2}{3}$ kg을 사용했습니다. 남은 밀가루는 몇 kg인가요?

식 $6\frac{1}{5}-2\frac{2}{3}=3\frac{8}{15}$ 답 $3\frac{8}{15}$ kg

풀이 (남은 밀가루의 양)
=(처음에 있던 밀가루의 양)−(사용한 밀가루의 양)
$=6\frac{1}{5}-2\frac{2}{3}=6\frac{3}{15}-2\frac{10}{15}=5\frac{18}{15}-2\frac{10}{15}=3\frac{8}{15}$(kg)

2 은효네 반 친구들이 음료수 $4\frac{2}{7}$ L 중에서 $1\frac{1}{3}$ L를 마셨습니다. 남은 음료수의 양은 몇 L인가요?

식 $4\frac{2}{7}-1\frac{1}{3}=2\frac{20}{21}$ 답 $2\frac{20}{21}$ L

풀이 (남은 음료수의 양)
=(전체 음료수의 양)−(마신 음료수의 양)
$=4\frac{2}{7}-1\frac{1}{3}=4\frac{6}{21}-1\frac{7}{21}=3\frac{27}{21}-1\frac{7}{21}=2\frac{20}{21}$(L)

왼쪽 ❶, ❷번과 같이 문제의 핵심 부분에 색칠하고, 계산해야 하는 두 분수에 밑줄을 그어 문제를 풀어 보세요.

정답 15쪽

3 식용유 $\frac{11}{12}$ L 중에서 튀김을 만드는 데 $\frac{9}{16}$ L를 사용했습니다. 남은 식용유는 몇 L인가요?

식 $\frac{11}{12}-\frac{9}{16}=\frac{17}{48}$ 답 $\frac{17}{48}$ L

풀이 (남은 식용유의 양)
=(처음에 있던 식용유의 양)−(사용한 식용유의 양)
$=\frac{11}{12}-\frac{9}{16}=\frac{44}{48}-\frac{27}{48}=\frac{17}{48}$(L)

4 설탕 $2\frac{1}{3}$ kg 중에서 불고기를 만드는 데 $1\frac{1}{8}$ kg을 사용했습니다. 남은 설탕은 몇 kg인가요?

식 $2\frac{1}{3}-1\frac{1}{8}=1\frac{5}{24}$ 답 $1\frac{5}{24}$ kg

풀이 (남은 설탕의 양)
=(처음에 있던 설탕의 양)−(사용한 설탕의 양)
$=2\frac{1}{3}-1\frac{1}{8}=2\frac{8}{24}-1\frac{3}{24}=1\frac{5}{24}$(kg)

5 지율이는 미술 시간에 색 테이프 $11\frac{1}{5}$ m 중에서 $5\frac{7}{8}$ m를 사용했습니다. 남은 색 테이프는 몇 m인가요?

식 $11\frac{1}{5}-5\frac{7}{8}=5\frac{13}{40}$ 답 $5\frac{13}{40}$ m

풀이 (남은 색 테이프의 길이)
=(처음에 있던 색 테이프의 길이)−(사용한 색 테이프의 길이)
$=11\frac{1}{5}-5\frac{7}{8}=11\frac{8}{40}-5\frac{35}{40}=10\frac{48}{40}-5\frac{35}{40}=5\frac{13}{40}$(m)

5 분수의 덧셈과 뺄셈

74-75쪽

❶계산 결과를 기약분수나 대분수로 나타내지 않아도 정답으로 인정합니다.

14일 더 적은 수 구하기

이것만 알자 ■보다 ▲ 더 적게 ➔ ■−▲

예 미술 시간에 색종이를 석훈이는 $8\frac{4}{5}$장 사용했고, 은비는 석훈이보다 $1\frac{2}{15}$장 더 적게 사용했습니다. 은비가 사용한 색종이는 몇 장인가요?

(은비가 사용한 색종이의 수)

= (석훈이가 사용한 색종이의 수) $-1\frac{2}{15}$

식 $8\frac{4}{5}-1\frac{2}{15}=7\frac{2}{3}$ 답 $7\frac{2}{3}$장

❶ 물을 수빈이는 $3\frac{3}{20}$컵 마셨고, 정후는 수빈이보다 $1\frac{2}{5}$컵 더 적게 마셨습니다. 정후가 마신 물은 몇 컵인가요?

식 $3\frac{3}{20}-1\frac{2}{5}=1\frac{3}{4}$ 답 $1\frac{3}{4}$컵

풀이 (정후가 마신 물의 양)=(수빈이가 마신 물의 양)$-1\frac{2}{5}$

$=3\frac{3}{20}-1\frac{2}{5}=3\frac{3}{20}-1\frac{8}{20}=2\frac{23}{20}-1\frac{8}{20}=1\frac{15}{20}=1\frac{3}{4}$(컵)

❷ 같은 양의 물이 담긴 두 비커 ㉮와 ㉯가 있습니다. 소금을 ㉮ 비커에는 $\frac{5}{6}$ g, ㉯ 비커에는 ㉮ 비커보다 $\frac{3}{5}$ g 더 적게 넣어 소금물을 만들었습니다. ㉯ 비커에 넣은 소금의 양은 몇 g인가요?

식 $\frac{5}{6}-\frac{3}{5}=\frac{7}{30}$ 답 $\frac{7}{30}$ g

풀이 (㉯ 비커에 넣은 소금의 양)=(㉮ 비커에 넣은 소금의 양)$-\frac{3}{5}$

$=\frac{5}{6}-\frac{3}{5}=\frac{25}{30}-\frac{18}{30}=\frac{7}{30}$(g)

왼쪽 ❶, ❷번과 같이 문제의 핵심 부분에 색칠하고, 계산해야 하는 두 분수에 밑줄을 그어 문제를 풀어 보세요.

정답 16쪽

❸ 가방을 만드는 데 파란색 실은 $2\frac{3}{7}$ m 사용했고, 연두색 실은 파란색 실보다 $\frac{2}{9}$ m 더 적게 사용했습니다. 연두색 실은 몇 m 사용했나요?

식 $2\frac{3}{7}-\frac{2}{9}=2\frac{13}{63}$ 답 $2\frac{13}{63}$ m

풀이 (사용한 연두색 실의 길이)

=(사용한 파란색 실의 길이)$-\frac{2}{9}$

$=2\frac{3}{7}-\frac{2}{9}=2\frac{27}{63}-\frac{14}{63}=2\frac{13}{63}$(m)

❹ 어머니께서 김치를 담그는 데 배추는 $3\frac{5}{12}$ kg 준비했고, 무는 배추보다 $1\frac{1}{8}$ kg 더 적게 준비했습니다. 준비한 무는 몇 kg인가요?

식 $3\frac{5}{12}-1\frac{1}{8}=2\frac{7}{24}$ 답 $2\frac{7}{24}$ kg

풀이 (준비한 무의 무게)

=(준비한 배추의 무게)$-1\frac{1}{8}$

$=3\frac{5}{12}-1\frac{1}{8}=3\frac{10}{24}-1\frac{3}{24}=2\frac{7}{24}$(kg)

❺ ㉠ 끈의 길이는 $4\frac{1}{3}$ m이고, ㉡ 끈의 길이는 ㉠ 끈의 길이보다 $1\frac{1}{2}$ m 더 짧습니다. ㉡ 끈의 길이는 몇 m인가요?

식 $4\frac{1}{3}-1\frac{1}{2}=2\frac{5}{6}$ 답 $2\frac{5}{6}$ m

풀이 (㉡ 끈의 길이)

=(㉠ 끈의 길이)$-1\frac{1}{2}$

$=4\frac{1}{3}-1\frac{1}{2}=4\frac{2}{6}-1\frac{3}{6}=3\frac{8}{6}-1\frac{3}{6}=2\frac{5}{6}$(m)

76-77쪽

❶계산 결과를 기약분수나 대분수로 나타내지 않아도 정답으로 인정합니다.

공부한 날짜 월 일

15일 두 수를 비교하여 차 구하기

이것만 알자 ■는 ▲보다 몇 개 더 많은(적은)가? ➔ ■−▲

예 오렌지 주스를 민지네 모둠은 $4\frac{5}{6}$ L, 서진이네 모둠은 $3\frac{3}{8}$ L 마셨습니다. 민지네 모둠은 서진이네 모둠보다 오렌지 주스를 몇 L 더 많이 마셨나요?

(민지네 모둠이 마신 오렌지 주스의 양) − (서진이네 모둠이 마신 오렌지 주스의 양)

식 $4\frac{5}{6}-3\frac{3}{8}=1\frac{11}{24}$ 답 $1\frac{11}{24}$ L

❶ 미술 시간에 꾸미기를 하는 데 예리는 색종이를 $4\frac{3}{10}$장, 성수는 $3\frac{8}{15}$장 사용했습니다. 예리는 성수보다 색종이를 몇 장 더 많이 사용했나요?

식 $4\frac{3}{10}-3\frac{8}{15}=\frac{23}{30}$ 답 $\frac{23}{30}$장

풀이 (예리가 사용한 색종이의 양)−(성수가 사용한 색종이의 양)

$=4\frac{3}{10}-3\frac{8}{15}=4\frac{9}{30}-3\frac{16}{30}=3\frac{39}{30}-3\frac{16}{30}=\frac{23}{30}$(장)

❷ 지수의 책가방 무게는 성빈이의 책가방 무게보다 몇 kg 더 무겁나요?

지수의 책가방: $3\frac{4}{5}$ kg

성빈이의 책가방: $2\frac{8}{9}$ kg

식 $3\frac{4}{5}-2\frac{8}{9}=\frac{41}{45}$ 답 $\frac{41}{45}$ kg

풀이 (지수의 책가방 무게)−(성빈이의 책가방 무게)

$=3\frac{4}{5}-2\frac{8}{9}=3\frac{36}{45}-2\frac{40}{45}=2\frac{81}{45}-2\frac{40}{45}=\frac{41}{45}$(kg)

왼쪽 ❶, ❷번과 같이 문제의 핵심 부분에 색칠하고, 계산해야 하는 두 분수에 밑줄을 그어 문제를 풀어 보세요.

정답 16쪽

❸ 소미는 빨간색 물감을 $\frac{6}{7}$ L, 노란색 물감을 $\frac{1}{2}$ L 사용하여 그림을 그렸습니다. 빨간색 물감을 노란색 물감보다 몇 L 더 많이 사용했나요?

식 $\frac{6}{7}-\frac{1}{2}=\frac{5}{14}$ 답 $\frac{5}{14}$ L

풀이 (사용한 빨간색 물감의 양)−(사용한 노란색 물감의 양)

$=\frac{6}{7}-\frac{1}{2}=\frac{12}{14}-\frac{7}{14}=\frac{5}{14}$(L)

❹ 직사각형의 가로는 세로보다 몇 cm 더 긴가요?

$\frac{3}{4}$ cm

$\frac{9}{10}$ cm

식 $\frac{9}{10}-\frac{3}{4}=\frac{3}{20}$

답 $\frac{3}{20}$ cm

풀이 (가로)−(세로)

$=\frac{9}{10}-\frac{3}{4}=\frac{18}{20}-\frac{15}{20}=\frac{3}{20}$(cm)

❺ 수지네 가족은 체험 농장에서 고추 $1\frac{11}{12}$ kg과 상추 $3\frac{5}{8}$ kg을 땄습니다. 상추를 고추보다 몇 kg 더 많이 땄나요?

식 $3\frac{5}{8}-1\frac{11}{12}=1\frac{17}{24}$ 답 $1\frac{17}{24}$ kg

풀이 (상추의 무게)−(고추의 무게)

$=3\frac{5}{8}-1\frac{11}{12}=3\frac{15}{24}-1\frac{22}{24}=2\frac{39}{24}-1\frac{22}{24}=1\frac{17}{24}$(kg)

78-79쪽

❗계산 결과를 기약분수나 대분수로 나타내지 않아도 정답으로 인정합니다.

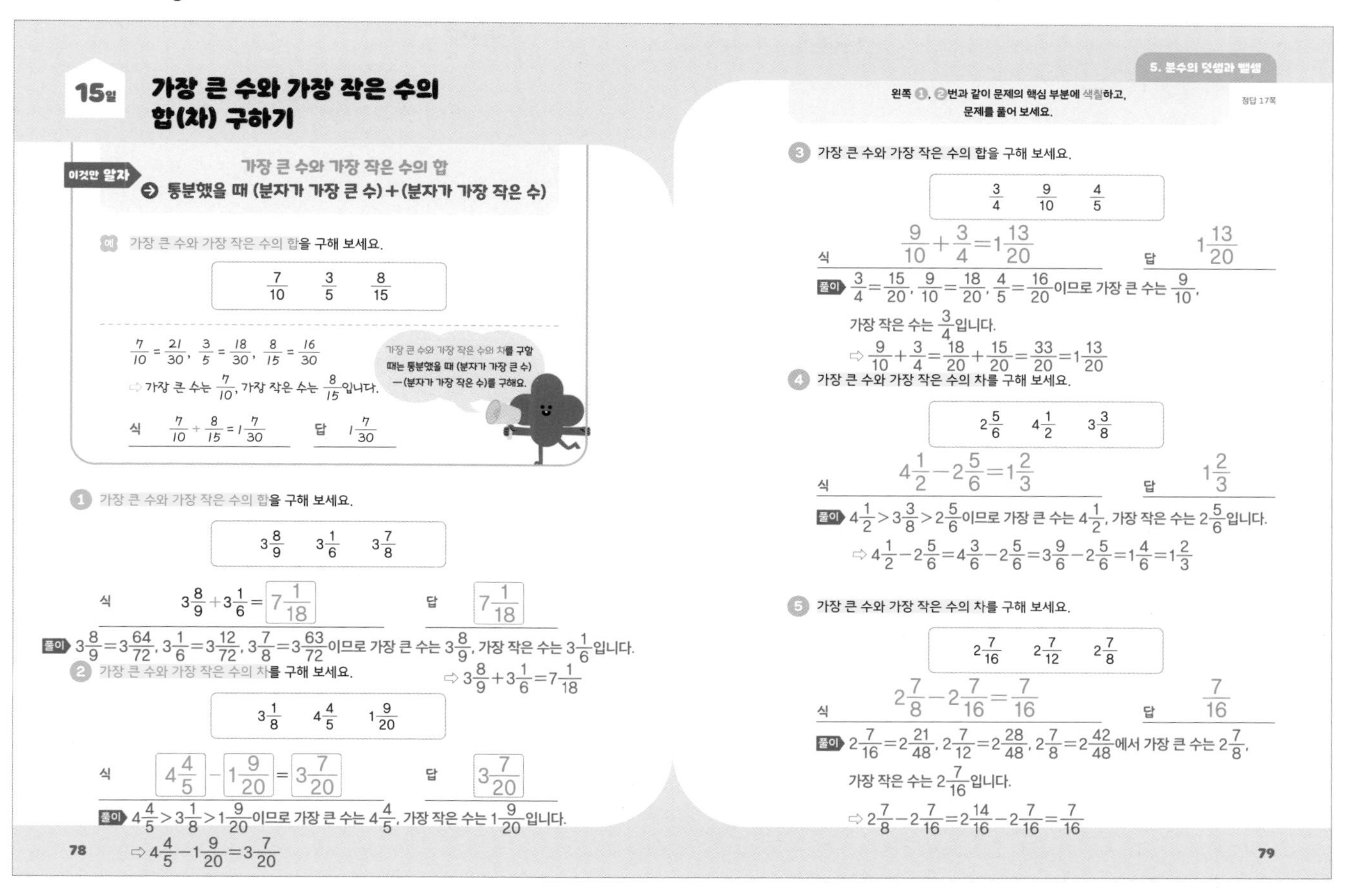

15일 가장 큰 수와 가장 작은 수의 합(차) 구하기

이것만 알자 가장 큰 수와 가장 작은 수의 합 ➔ 통분했을 때 (분자가 가장 큰 수)+(분자가 가장 작은 수)

예 가장 큰 수와 가장 작은 수의 합을 구해 보세요.

$\frac{7}{10}$ $\frac{3}{5}$ $\frac{8}{15}$

$\frac{7}{10}=\frac{21}{30}$, $\frac{3}{5}=\frac{18}{30}$, $\frac{8}{15}=\frac{16}{30}$

⇨ 가장 큰 수는 $\frac{7}{10}$, 가장 작은 수는 $\frac{8}{15}$입니다.

식 $\frac{7}{10}+\frac{8}{15}=1\frac{7}{30}$ 답 $1\frac{7}{30}$

가장 큰 수와 가장 작은 수의 차를 구할 때는 통분했을 때 (분자가 가장 큰 수) −(분자가 가장 작은 수)를 구해요.

1 가장 큰 수와 가장 작은 수의 합을 구해 보세요.

$3\frac{8}{9}$ $3\frac{1}{6}$ $3\frac{7}{8}$

식 $3\frac{8}{9}+3\frac{1}{6}=7\frac{1}{18}$ 답 $7\frac{1}{18}$

풀이 $3\frac{8}{9}=3\frac{64}{72}$, $3\frac{1}{6}=3\frac{12}{72}$, $3\frac{7}{8}=3\frac{63}{72}$이므로 가장 큰 수는 $3\frac{8}{9}$, 가장 작은 수는 $3\frac{1}{6}$입니다.
⇨ $3\frac{8}{9}+3\frac{1}{6}=7\frac{1}{18}$

2 가장 큰 수와 가장 작은 수의 차를 구해 보세요.

$3\frac{1}{8}$ $4\frac{4}{5}$ $1\frac{9}{20}$

식 $4\frac{4}{5}-1\frac{9}{20}=3\frac{7}{20}$ 답 $3\frac{7}{20}$

풀이 $4\frac{4}{5}>3\frac{1}{8}>1\frac{9}{20}$이므로 가장 큰 수는 $4\frac{4}{5}$, 가장 작은 수는 $1\frac{9}{20}$입니다.
⇨ $4\frac{4}{5}-1\frac{9}{20}=3\frac{7}{20}$

78

5. 분수의 덧셈과 뺄셈

왼쪽 1, 2번과 같이 문제의 핵심 부분에 색칠하고, 문제를 풀어 보세요. 정답 17쪽

3 가장 큰 수와 가장 작은 수의 합을 구해 보세요.

$\frac{3}{4}$ $\frac{9}{10}$ $\frac{4}{5}$

식 $\frac{9}{10}+\frac{3}{4}=1\frac{13}{20}$ 답 $1\frac{13}{20}$

풀이 $\frac{3}{4}=\frac{15}{20}$, $\frac{9}{10}=\frac{18}{20}$, $\frac{4}{5}=\frac{16}{20}$이므로 가장 큰 수는 $\frac{9}{10}$, 가장 작은 수는 $\frac{3}{4}$입니다.
⇨ $\frac{9}{10}+\frac{3}{4}=\frac{18}{20}+\frac{15}{20}=\frac{33}{20}=1\frac{13}{20}$

4 가장 큰 수와 가장 작은 수의 차를 구해 보세요.

$2\frac{5}{6}$ $4\frac{1}{2}$ $3\frac{3}{8}$

식 $4\frac{1}{2}-2\frac{5}{6}=1\frac{2}{3}$ 답 $1\frac{2}{3}$

풀이 $4\frac{1}{2}>3\frac{3}{8}>2\frac{5}{6}$이므로 가장 큰 수는 $4\frac{1}{2}$, 가장 작은 수는 $2\frac{5}{6}$입니다.
⇨ $4\frac{1}{2}-2\frac{5}{6}=4\frac{3}{6}-2\frac{5}{6}=3\frac{9}{6}-2\frac{5}{6}=1\frac{4}{6}=1\frac{2}{3}$

5 가장 큰 수와 가장 작은 수의 차를 구해 보세요.

$2\frac{7}{16}$ $2\frac{7}{12}$ $2\frac{7}{8}$

식 $2\frac{7}{8}-2\frac{7}{16}=\frac{7}{16}$ 답 $\frac{7}{16}$

풀이 $2\frac{7}{16}=2\frac{21}{48}$, $2\frac{7}{12}=2\frac{28}{48}$, $2\frac{7}{8}=2\frac{42}{48}$에서 가장 큰 수는 $2\frac{7}{8}$, 가장 작은 수는 $2\frac{7}{16}$입니다.
⇨ $2\frac{7}{8}-2\frac{7}{16}=2\frac{14}{16}-2\frac{7}{16}=\frac{7}{16}$

79

80-81쪽

❗계산 결과를 기약분수나 대분수로 나타내지 않아도 정답으로 인정합니다.

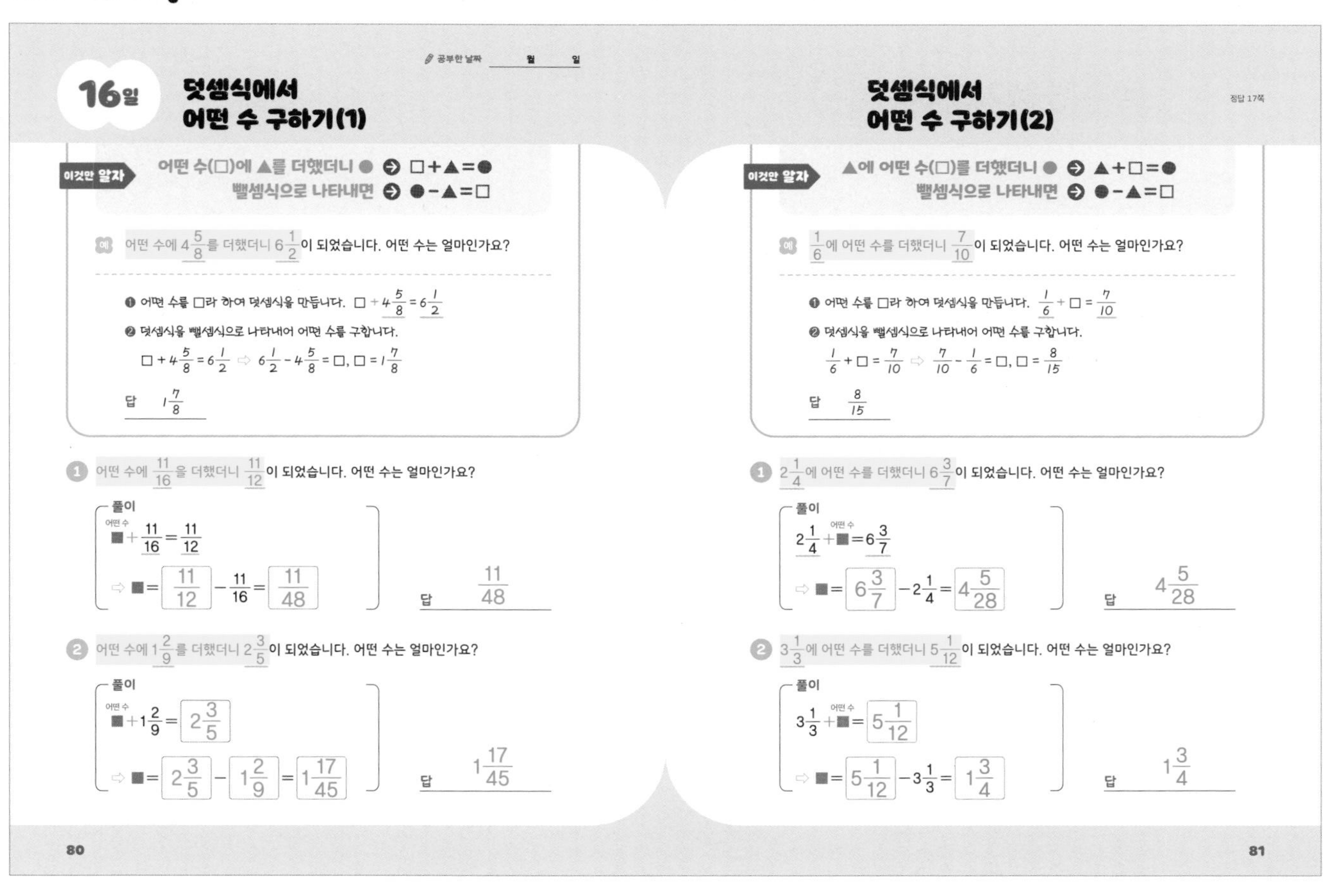

공부한 날짜 월 일

16일 덧셈식에서 어떤 수 구하기(1)

이것만 알자 어떤 수(□)에 ▲를 더했더니 ● ➔ □+▲=● 뺄셈식으로 나타내면 ➔ ●−▲=□

예 어떤 수에 $4\frac{5}{8}$를 더했더니 $6\frac{1}{2}$이 되었습니다. 어떤 수는 얼마인가요?

❶ 어떤 수를 □라 하여 덧셈식을 만듭니다. $□+4\frac{5}{8}=6\frac{1}{2}$

❷ 덧셈식을 뺄셈식으로 나타내어 어떤 수를 구합니다.
$□+4\frac{5}{8}=6\frac{1}{2}$ ⇨ $6\frac{1}{2}-4\frac{5}{8}=□$, $□=1\frac{7}{8}$

답 $1\frac{7}{8}$

1 어떤 수에 $\frac{11}{16}$을 더했더니 $\frac{11}{12}$이 되었습니다. 어떤 수는 얼마인가요?

풀이 어떤 수 $■+\frac{11}{16}=\frac{11}{12}$
⇨ $■=\frac{11}{12}-\frac{11}{16}=\frac{11}{48}$

답 $\frac{11}{48}$

2 어떤 수에 $1\frac{2}{9}$를 더했더니 $2\frac{3}{5}$이 되었습니다. 어떤 수는 얼마인가요?

풀이 어떤 수 $■+1\frac{2}{9}=2\frac{3}{5}$
⇨ $■=2\frac{3}{5}-1\frac{2}{9}=1\frac{17}{45}$

답 $1\frac{17}{45}$

80

덧셈식에서 어떤 수 구하기(2) 정답 17쪽

이것만 알자 ▲에 어떤 수(□)를 더했더니 ● ➔ ▲+□=● 뺄셈식으로 나타내면 ➔ ●−▲=□

예 $\frac{1}{6}$에 어떤 수를 더했더니 $\frac{7}{10}$이 되었습니다. 어떤 수는 얼마인가요?

❶ 어떤 수를 □라 하여 덧셈식을 만듭니다. $\frac{1}{6}+□=\frac{7}{10}$

❷ 덧셈식을 뺄셈식으로 나타내어 어떤 수를 구합니다.
$\frac{1}{6}+□=\frac{7}{10}$ ⇨ $\frac{7}{10}-\frac{1}{6}=□$, $□=\frac{8}{15}$

답 $\frac{8}{15}$

1 $2\frac{1}{4}$에 어떤 수를 더했더니 $6\frac{3}{7}$이 되었습니다. 어떤 수는 얼마인가요?

풀이 $2\frac{1}{4}+■=6\frac{3}{7}$ (어떤 수)
⇨ $■=6\frac{3}{7}-2\frac{1}{4}=4\frac{5}{28}$

답 $4\frac{5}{28}$

2 $3\frac{1}{3}$에 어떤 수를 더했더니 $5\frac{1}{12}$이 되었습니다. 어떤 수는 얼마인가요?

풀이 $3\frac{1}{3}+■=5\frac{1}{12}$ (어떤 수)
⇨ $■=5\frac{1}{12}-3\frac{1}{3}=1\frac{3}{4}$

답 $1\frac{3}{4}$

81

82-83쪽

❶ 계산 결과를 기약분수나 대분수로 나타내지 않아도 정답으로 인정합니다.

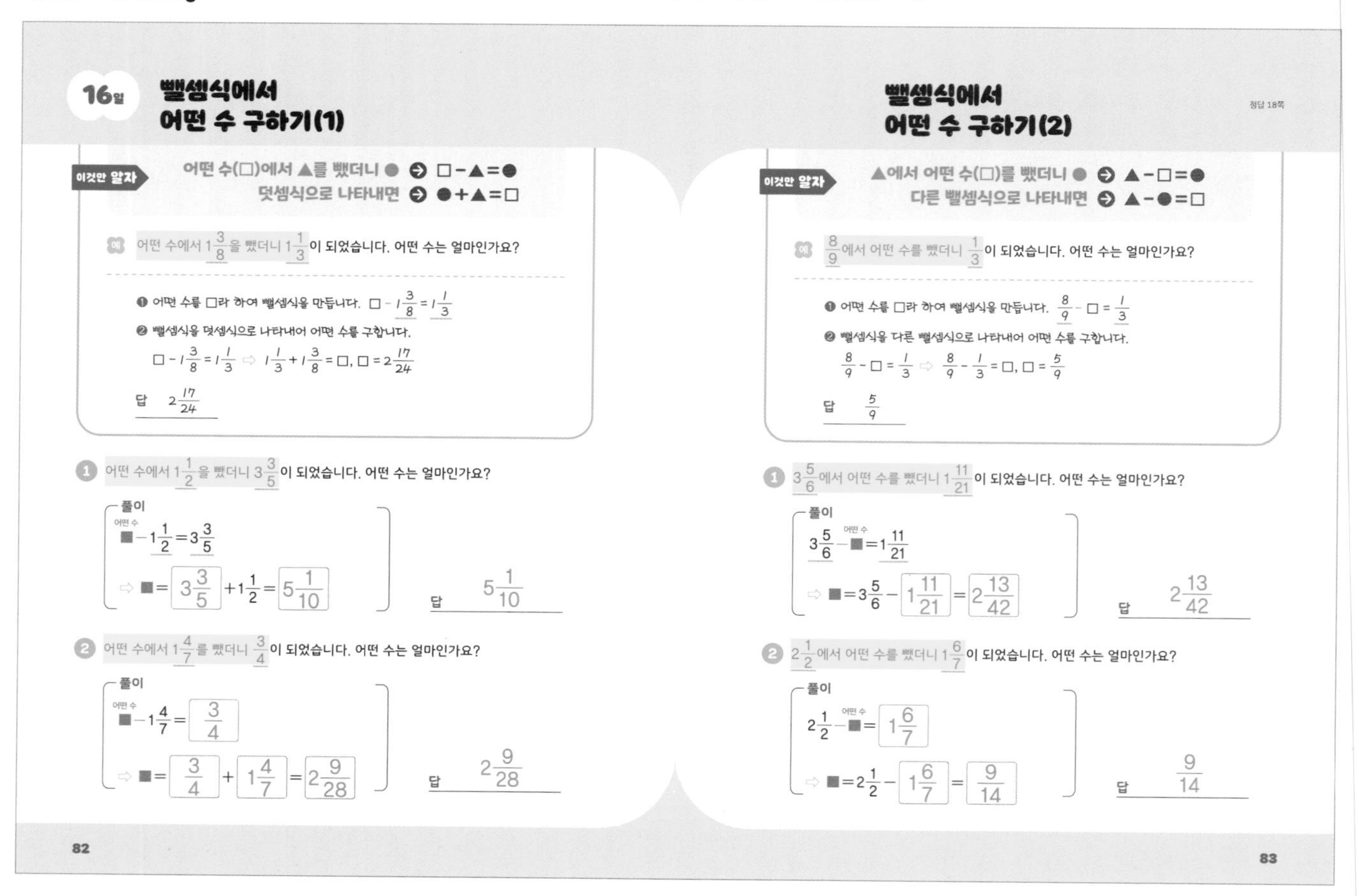

16일 뺄셈식에서 어떤 수 구하기(1)

이것만 알자: 어떤 수(□)에서 ▲를 뺐더니 ● ➔ □−▲=●
덧셈식으로 나타내면 ➔ ●+▲=□

예 어떤 수에서 $1\frac{3}{8}$을 뺐더니 $1\frac{1}{3}$이 되었습니다. 어떤 수는 얼마인가요?

❶ 어떤 수를 □라 하여 뺄셈식을 만듭니다. $□-1\frac{3}{8}=1\frac{1}{3}$

❷ 뺄셈식을 덧셈식으로 나타내어 어떤 수를 구합니다.
$□-1\frac{3}{8}=1\frac{1}{3}$ ⇨ $1\frac{1}{3}+1\frac{3}{8}=□$, $□=2\frac{17}{24}$

답 $2\frac{17}{24}$

1 어떤 수에서 $1\frac{1}{2}$을 뺐더니 $3\frac{3}{5}$이 되었습니다. 어떤 수는 얼마인가요?

풀이 $■-1\frac{1}{2}=3\frac{3}{5}$
⇨ $■=3\frac{3}{5}+1\frac{1}{2}=5\frac{1}{10}$

답 $5\frac{1}{10}$

2 어떤 수에서 $1\frac{4}{7}$를 뺐더니 $\frac{3}{4}$이 되었습니다. 어떤 수는 얼마인가요?

풀이 $■-1\frac{4}{7}=\frac{3}{4}$
⇨ $■=\frac{3}{4}+1\frac{4}{7}=2\frac{9}{28}$

답 $2\frac{9}{28}$

뺄셈식에서 어떤 수 구하기(2)

정답 18쪽

이것만 알자: ▲에서 어떤 수(□)를 뺐더니 ● ➔ ▲−□=●
다른 뺄셈식으로 나타내면 ➔ ▲−●=□

예 $\frac{8}{9}$에서 어떤 수를 뺐더니 $\frac{1}{3}$이 되었습니다. 어떤 수는 얼마인가요?

❶ 어떤 수를 □라 하여 뺄셈식을 만듭니다. $\frac{8}{9}-□=\frac{1}{3}$

❷ 뺄셈식을 다른 뺄셈식으로 나타내어 어떤 수를 구합니다.
$\frac{8}{9}-□=\frac{1}{3}$ ⇨ $\frac{8}{9}-\frac{1}{3}=□$, $□=\frac{5}{9}$

답 $\frac{5}{9}$

1 $3\frac{5}{6}$에서 어떤 수를 뺐더니 $1\frac{11}{21}$이 되었습니다. 어떤 수는 얼마인가요?

풀이 $3\frac{5}{6}-■=1\frac{11}{21}$
⇨ $■=3\frac{5}{6}-1\frac{11}{21}=2\frac{13}{42}$

답 $2\frac{13}{42}$

2 $2\frac{1}{2}$에서 어떤 수를 뺐더니 $1\frac{6}{7}$이 되었습니다. 어떤 수는 얼마인가요?

풀이 $2\frac{1}{2}-■=1\frac{6}{7}$
⇨ $■=2\frac{1}{2}-1\frac{6}{7}=\frac{9}{14}$

답 $\frac{9}{14}$

82 83

84-85쪽

❶ 계산 결과를 기약분수나 대분수로 나타내지 않아도 정답으로 인정합니다.

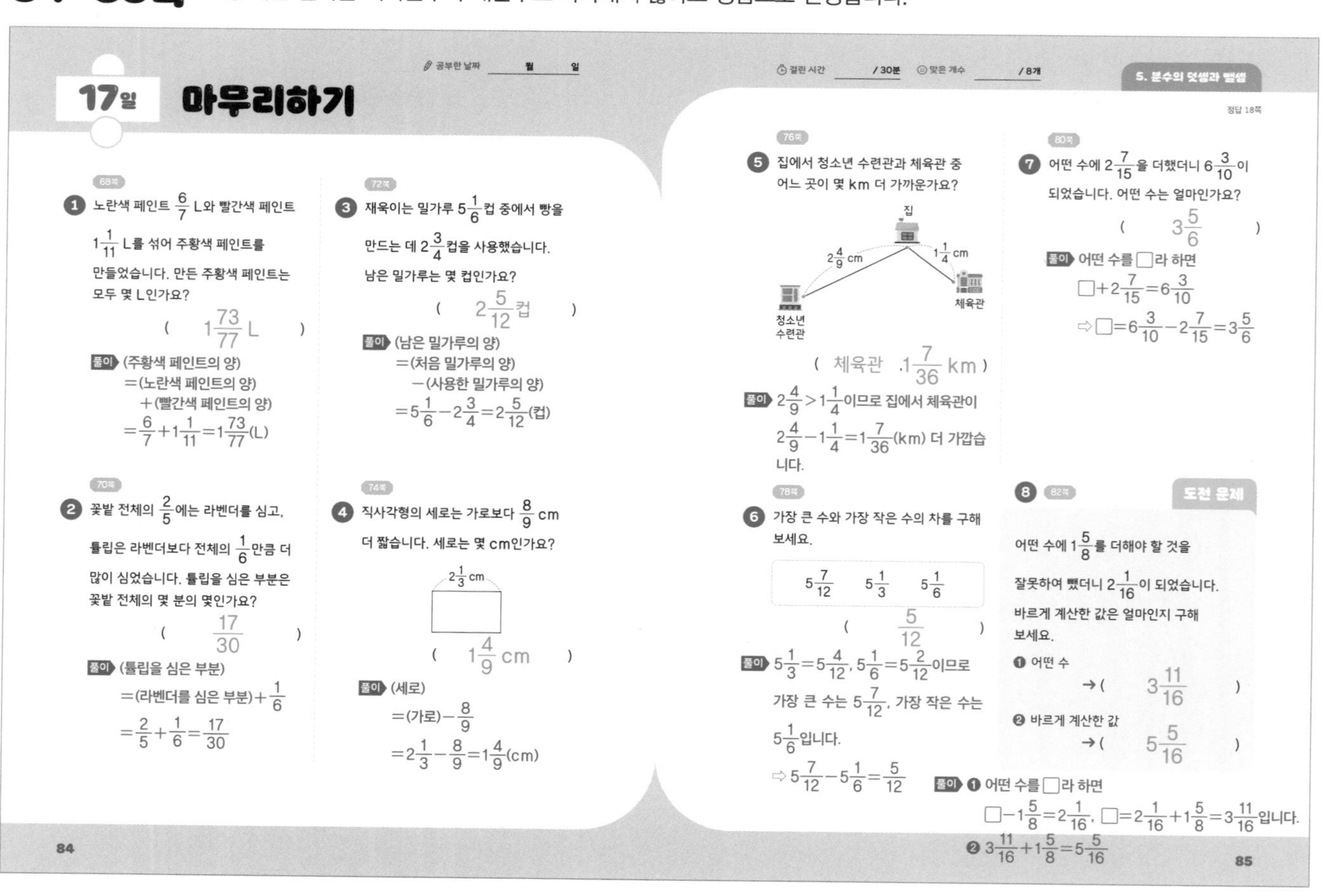

17일 마무리하기

공부한 날짜 월 일 걸린 시간 /30분 맞은 개수 /8개

5. 분수의 덧셈과 뺄셈 정답 18쪽

1 (68쪽) 노란색 페인트 $\frac{6}{7}$ L와 빨간색 페인트 $1\frac{1}{11}$ L를 섞어 주황색 페인트를 만들었습니다. 만든 주황색 페인트는 모두 몇 L인가요?
($1\frac{73}{77}$ L)
풀이 (주황색 페인트의 양)
=(노란색 페인트의 양)+(빨간색 페인트의 양)
$=\frac{6}{7}+1\frac{1}{11}=1\frac{73}{77}$(L)

2 (70쪽) 꽃밭 전체의 $\frac{2}{5}$에는 라벤더를 심고, 튤립은 라벤더보다 전체의 $\frac{1}{6}$만큼 더 많이 심었습니다. 튤립을 심은 부분은 꽃밭 전체의 몇 분의 몇인가요?
($\frac{17}{30}$)
풀이 (튤립을 심은 부분)
=(라벤더를 심은 부분)$+\frac{1}{6}$
$=\frac{2}{5}+\frac{1}{6}=\frac{17}{30}$

3 (72쪽) 재욱이는 밀가루 $5\frac{1}{6}$컵 중에서 빵을 만드는 데 $2\frac{3}{4}$컵을 사용했습니다. 남은 밀가루는 몇 컵인가요?
($2\frac{5}{12}$컵)
풀이 (남은 밀가루의 양)
=(처음 밀가루의 양)
−(사용한 밀가루의 양)
$=5\frac{1}{6}-2\frac{3}{4}=2\frac{5}{12}$(컵)

4 (74쪽) 직사각형의 세로는 가로보다 $\frac{8}{9}$ cm 더 짧습니다. 세로는 몇 cm인가요?
$2\frac{1}{3}$ cm
($1\frac{4}{9}$ cm)
풀이 (세로)
=(가로)$-\frac{8}{9}$
$=2\frac{1}{3}-\frac{8}{9}=1\frac{4}{9}$(cm)

5 (76쪽) 집에서 청소년 수련관과 체육관 중 어느 곳이 몇 km 더 가까운가요?
집, $2\frac{4}{9}$ cm, $1\frac{1}{4}$ cm, 청소년 수련관, 체육관
(체육관, $1\frac{7}{36}$ km)
풀이 $2\frac{4}{9}>1\frac{1}{4}$이므로 집에서 체육관이
$2\frac{4}{9}-1\frac{1}{4}=1\frac{7}{36}$(km) 더 가깝습니다.

6 (78쪽) 가장 큰 수와 가장 작은 수의 차를 구해 보세요.
$5\frac{7}{12}$ $5\frac{1}{3}$ $5\frac{1}{6}$
($\frac{5}{12}$)
풀이 $5\frac{1}{3}=5\frac{4}{12}$, $5\frac{1}{6}=5\frac{2}{12}$이므로
가장 큰 수는 $5\frac{7}{12}$, 가장 작은 수는 $5\frac{1}{6}$입니다.
⇨ $5\frac{7}{12}-5\frac{1}{6}=\frac{5}{12}$

7 (80쪽) 어떤 수에 $2\frac{7}{15}$을 더했더니 $6\frac{3}{10}$이 되었습니다. 어떤 수는 얼마인가요?
($3\frac{5}{6}$)
풀이 어떤 수를 □라 하면
$□+2\frac{7}{15}=6\frac{3}{10}$
⇨ $□=6\frac{3}{10}-2\frac{7}{15}=3\frac{5}{6}$

8 (82쪽) 도전 문제
어떤 수에 $1\frac{5}{8}$를 더해야 할 것을 잘못하여 뺐더니 $2\frac{1}{16}$이 되었습니다. 바르게 계산한 값은 얼마인지 구해 보세요.
❶ 어떤 수 → ($3\frac{11}{16}$)
❷ 바르게 계산한 값 → ($5\frac{5}{16}$)
풀이 ❶ 어떤 수를 □라 하면
$□-1\frac{5}{8}=2\frac{1}{16}$, $□=2\frac{1}{16}+1\frac{5}{8}=3\frac{11}{16}$입니다.
❷ $3\frac{11}{16}+1\frac{5}{8}=5\frac{5}{16}$

84 85

6 다각형의 둘레와 넓이

88-89쪽

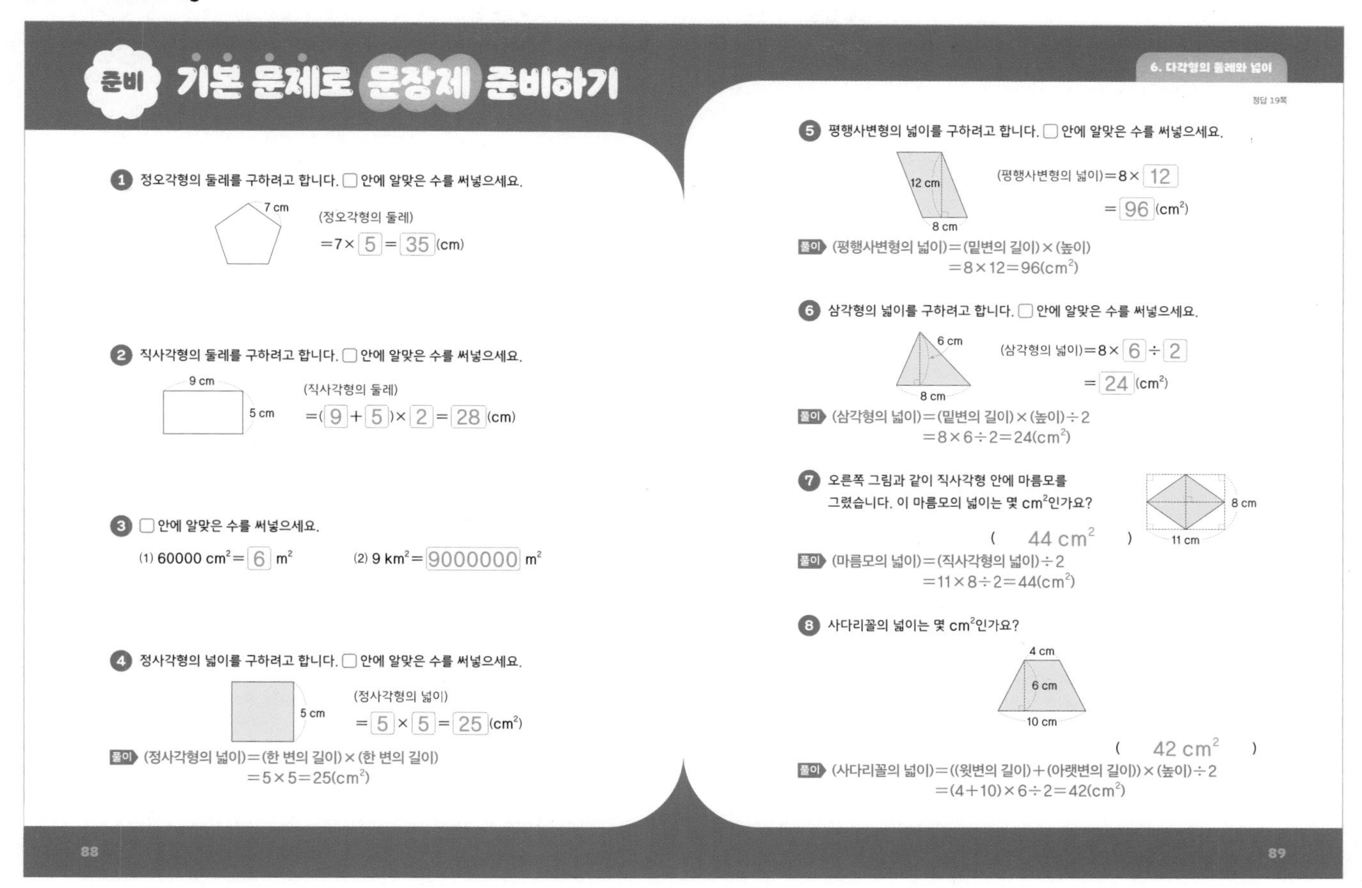

준비 기본 문제로 문장제 준비하기

6. 다각형의 둘레와 넓이

정답 19쪽

1 정오각형의 둘레를 구하려고 합니다. □ 안에 알맞은 수를 써넣으세요.

7 cm

(정오각형의 둘레)

=7×5=35(cm)

2 직사각형의 둘레를 구하려고 합니다. □ 안에 알맞은 수를 써넣으세요.

9 cm, 5 cm

(직사각형의 둘레)

=(9+5)×2=28(cm)

3 □ 안에 알맞은 수를 써넣으세요.

(1) 60000 cm^2=6 m^2 (2) 9 km^2=9000000 m^2

4 정사각형의 넓이를 구하려고 합니다. □ 안에 알맞은 수를 써넣으세요.

5 cm

(정사각형의 넓이)

=5×5=25(cm^2)

풀이 (정사각형의 넓이)=(한 변의 길이)×(한 변의 길이)

=5×5=25(cm^2)

5 평행사변형의 넓이를 구하려고 합니다. □ 안에 알맞은 수를 써넣으세요.

12 cm, 8 cm

(평행사변형의 넓이)=8×12

=96(cm^2)

풀이 (평행사변형의 넓이)=(밑변의 길이)×(높이)

=8×12=96(cm^2)

6 삼각형의 넓이를 구하려고 합니다. □ 안에 알맞은 수를 써넣으세요.

6 cm, 8 cm

(삼각형의 넓이)=8×6÷2

=24(cm^2)

풀이 (삼각형의 넓이)=(밑변의 길이)×(높이)÷2

=8×6÷2=24(cm^2)

7 오른쪽 그림과 같이 직사각형 안에 마름모를 그렸습니다. 이 마름모의 넓이는 몇 cm^2인가요?

8 cm, 11 cm

(44 cm^2)

풀이 (마름모의 넓이)=(직사각형의 넓이)÷2

=11×8÷2=44(cm^2)

8 사다리꼴의 넓이는 몇 cm^2인가요?

4 cm, 6 cm, 10 cm

(42 cm^2)

풀이 (사다리꼴의 넓이)=((윗변의 길이)+(아랫변의 길이))×(높이)÷2

=(4+10)×6÷2=42(cm^2)

88 89

90-91쪽

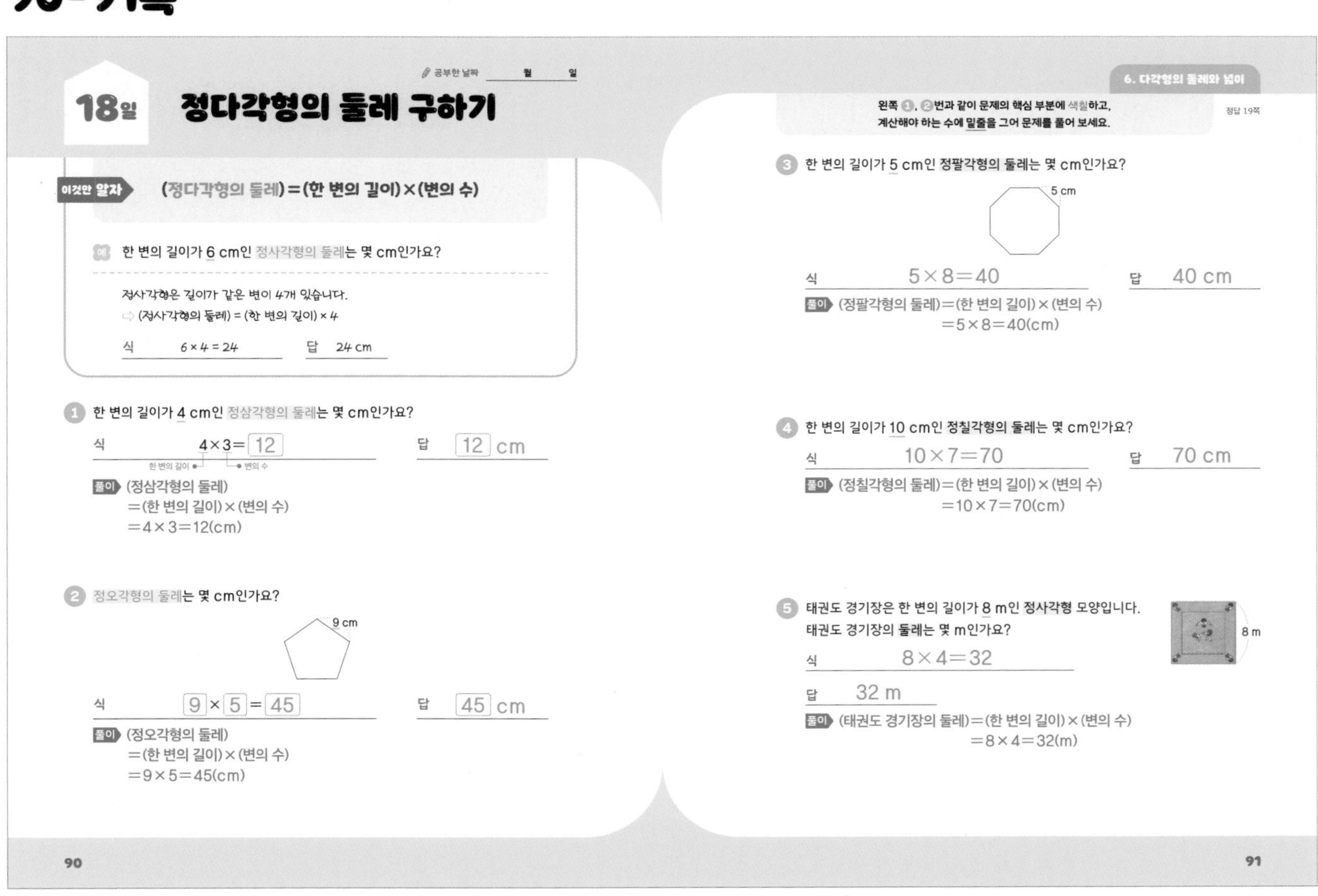

공부한 날짜 월 일

18일 정다각형의 둘레 구하기

6. 다각형의 둘레와 넓이

이것만 알자 (정다각형의 둘레)=(한 변의 길이)×(변의 수)

한 변의 길이가 6 cm인 정사각형의 둘레는 몇 cm인가요?

정사각형은 길이가 같은 변이 4개 있습니다.

⇨ (정사각형의 둘레) = (한 변의 길이) × 4

식 6 × 4 = 24 답 24 cm

1 한 변의 길이가 4 cm인 정삼각형의 둘레는 몇 cm인가요?

식 4×3=12 (한 변의 길이, 변의 수) 답 12 cm

풀이 (정삼각형의 둘레)

=(한 변의 길이)×(변의 수)

=4×3=12(cm)

2 정오각형의 둘레는 몇 cm인가요?

9 cm

식 9×5=45 답 45 cm

풀이 (정오각형의 둘레)

=(한 변의 길이)×(변의 수)

=9×5=45(cm)

왼쪽 1, 2번과 같이 문제의 핵심 부분에 색칠하고, 계산해야 하는 수에 밑줄을 그어 문제를 풀어 보세요.

정답 19쪽

3 한 변의 길이가 5 cm인 정팔각형의 둘레는 몇 cm인가요?

5 cm

식 5×8=40 답 40 cm

풀이 (정팔각형의 둘레)=(한 변의 길이)×(변의 수)

=5×8=40(cm)

4 한 변의 길이가 10 cm인 정칠각형의 둘레는 몇 cm인가요?

식 10×7=70 답 70 cm

풀이 (정칠각형의 둘레)=(한 변의 길이)×(변의 수)

=10×7=70(cm)

5 태권도 경기장은 한 변의 길이가 8 m인 정사각형 모양입니다. 태권도 경기장의 둘레는 몇 m인가요?

8 m

식 8×4=32

답 32 m

풀이 (태권도 경기장의 둘레)=(한 변의 길이)×(변의 수)

=8×4=32(m)

90 91

6 다각형의 둘레와 넓이

92-93쪽

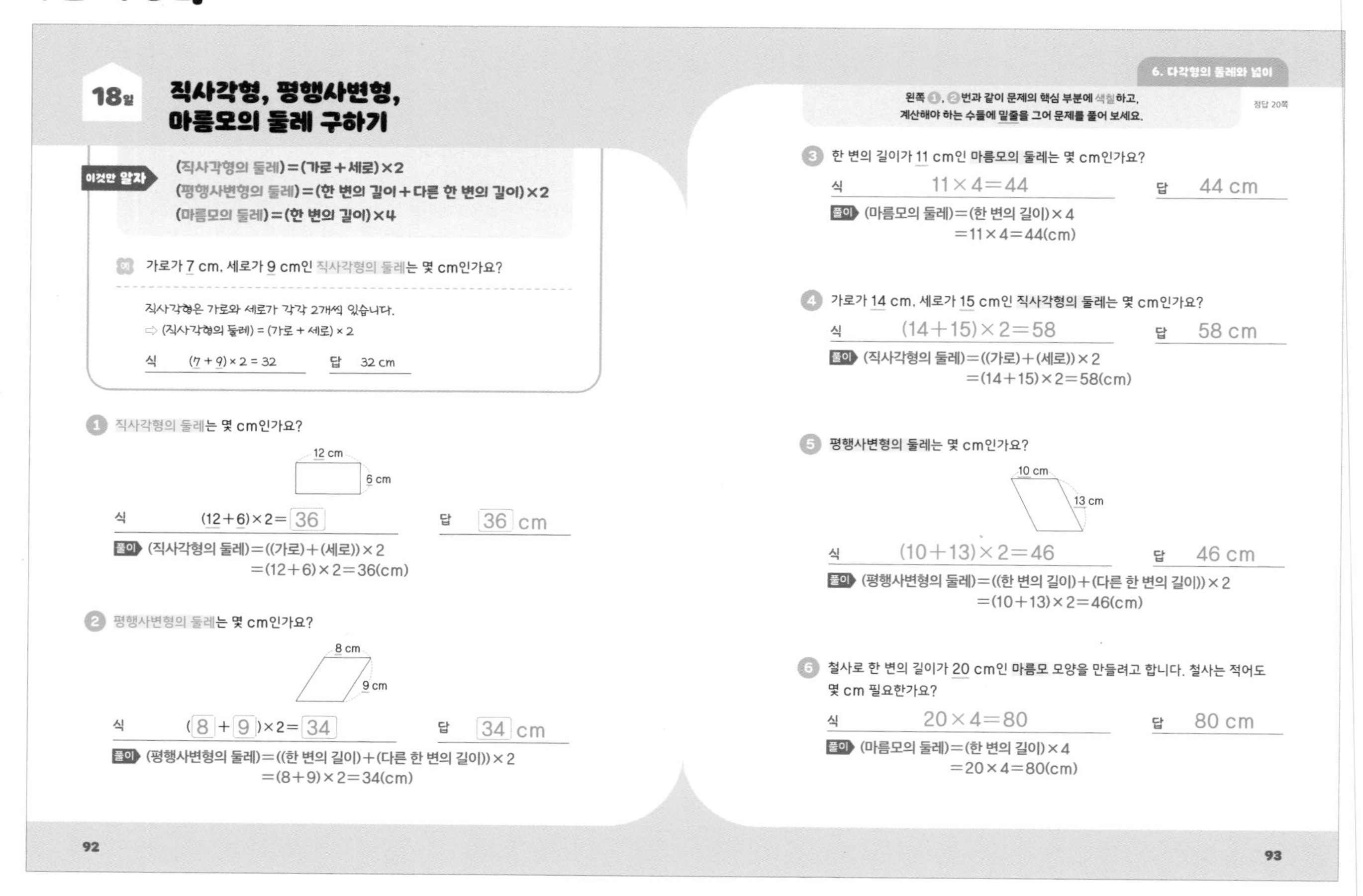

18일 직사각형, 평행사변형, 마름모의 둘레 구하기

이것만 알자
(직사각형의 둘레)=(가로+세로)×2
(평행사변형의 둘레)=(한 변의 길이+다른 한 변의 길이)×2
(마름모의 둘레)=(한 변의 길이)×4

가로가 7 cm, 세로가 9 cm인 직사각형의 둘레는 몇 cm인가요?

직사각형은 가로와 세로가 각각 2개씩 있습니다.
⇨ (직사각형의 둘레) = (가로 + 세로) × 2

식 (7 + 9) × 2 = 32 답 32 cm

1 직사각형의 둘레는 몇 cm인가요?

12 cm
6 cm

식 (12+6)×2=36 답 36 cm

풀이 (직사각형의 둘레)=((가로)+(세로))×2
=(12+6)×2=36(cm)

2 평행사변형의 둘레는 몇 cm인가요?

8 cm
9 cm

식 (8+9)×2=34 답 34 cm

풀이 (평행사변형의 둘레)=((한 변의 길이)+(다른 한 변의 길이))×2
=(8+9)×2=34(cm)

92

6. 다각형의 둘레와 넓이

왼쪽 1, 2번과 같이 문제의 핵심 부분에 색칠하고, 계산해야 하는 수들에 밑줄을 그어 문제를 풀어 보세요.

정답 20쪽

3 한 변의 길이가 11 cm인 마름모의 둘레는 몇 cm인가요?

식 11×4=44 답 44 cm

풀이 (마름모의 둘레)=(한 변의 길이)×4
=11×4=44(cm)

4 가로가 14 cm, 세로가 15 cm인 직사각형의 둘레는 몇 cm인가요?

식 (14+15)×2=58 답 58 cm

풀이 (직사각형의 둘레)=((가로)+(세로))×2
=(14+15)×2=58(cm)

5 평행사변형의 둘레는 몇 cm인가요?

10 cm
13 cm

식 (10+13)×2=46 답 46 cm

풀이 (평행사변형의 둘레)=((한 변의 길이)+(다른 한 변의 길이))×2
=(10+13)×2=46(cm)

6 철사로 한 변의 길이가 20 cm인 마름모 모양을 만들려고 합니다. 철사는 적어도 몇 cm 필요한가요?

식 20×4=80 답 80 cm

풀이 (마름모의 둘레)=(한 변의 길이)×4
=20×4=80(cm)

93

94-95쪽

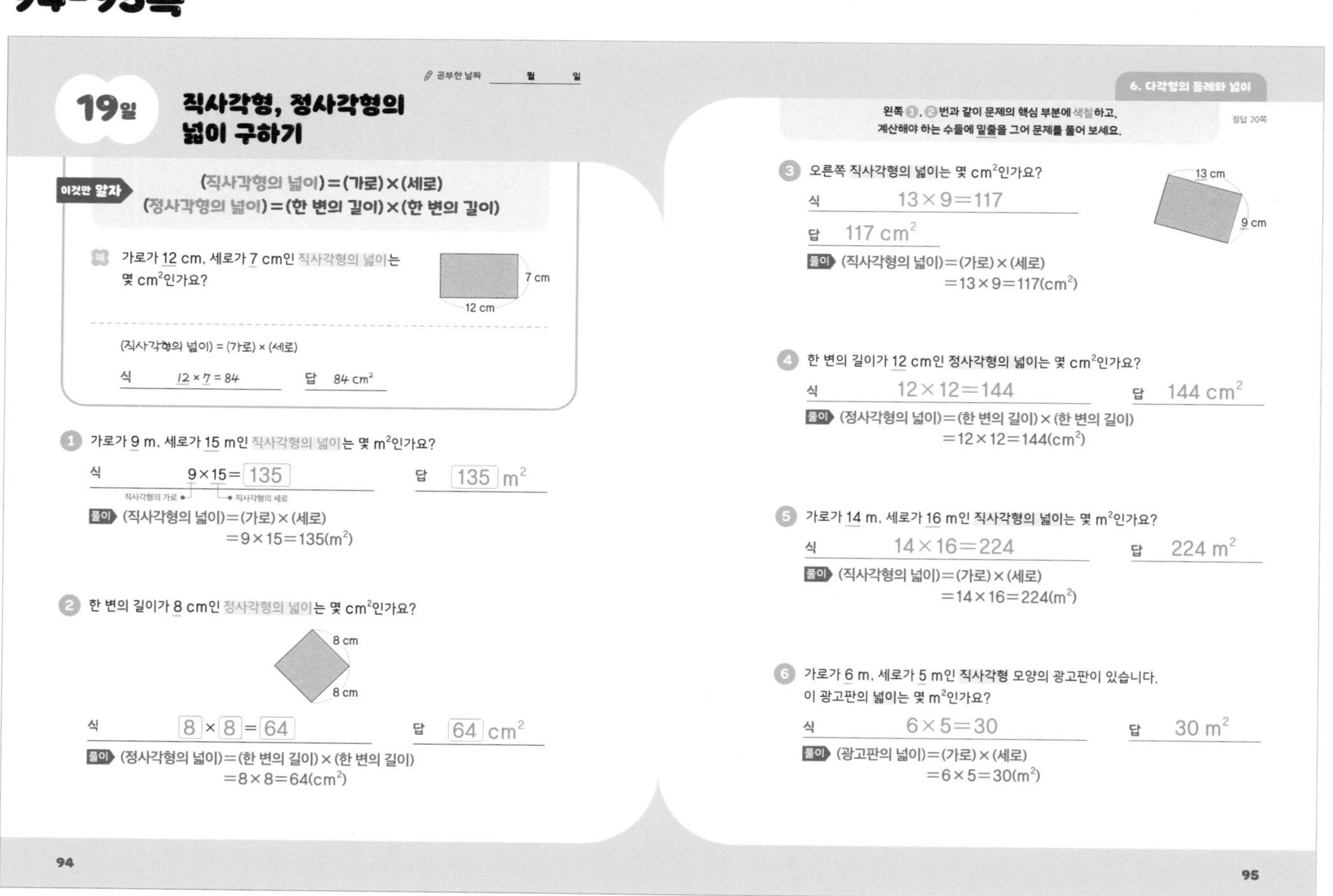

공부한 날짜 월 일

19일 직사각형, 정사각형의 넓이 구하기

이것만 알자
(직사각형의 넓이)=(가로)×(세로)
(정사각형의 넓이)=(한 변의 길이)×(한 변의 길이)

가로가 12 cm, 세로가 7 cm인 직사각형의 넓이는 몇 cm^2인가요?

7 cm
12 cm

(직사각형의 넓이) = (가로) × (세로)

식 12 × 7 = 84 답 84 cm^2

1 가로가 9 m, 세로가 15 m인 직사각형의 넓이는 몇 m^2인가요?

식 9×15=135 답 135 m^2

직사각형의 가로 / 직사각형의 세로

풀이 (직사각형의 넓이)=(가로)×(세로)
=9×15=135(m^2)

2 한 변의 길이가 8 cm인 정사각형의 넓이는 몇 cm^2인가요?

8 cm
8 cm

식 8×8=64 답 64 cm^2

풀이 (정사각형의 넓이)=(한 변의 길이)×(한 변의 길이)
=8×8=64(cm^2)

94

6. 다각형의 둘레와 넓이

왼쪽 1, 2번과 같이 문제의 핵심 부분에 색칠하고, 계산해야 하는 수들에 밑줄을 그어 문제를 풀어 보세요.

정답 20쪽

3 오른쪽 직사각형의 넓이는 몇 cm^2인가요?

13 cm
9 cm

식 13×9=117

답 117 cm^2

풀이 (직사각형의 넓이)=(가로)×(세로)
=13×9=117(cm^2)

4 한 변의 길이가 12 cm인 정사각형의 넓이는 몇 cm^2인가요?

식 12×12=144 답 144 cm^2

풀이 (정사각형의 넓이)=(한 변의 길이)×(한 변의 길이)
=12×12=144(cm^2)

5 가로가 14 m, 세로가 16 m인 직사각형의 넓이는 몇 m^2인가요?

식 14×16=224 답 224 m^2

풀이 (직사각형의 넓이)=(가로)×(세로)
=14×16=224(m^2)

6 가로가 6 m, 세로가 5 m인 직사각형 모양의 광고판이 있습니다. 이 광고판의 넓이는 몇 m^2인가요?

식 6×5=30 답 30 m^2

풀이 (광고판의 넓이)=(가로)×(세로)
=6×5=30(m^2)

95

96-97쪽

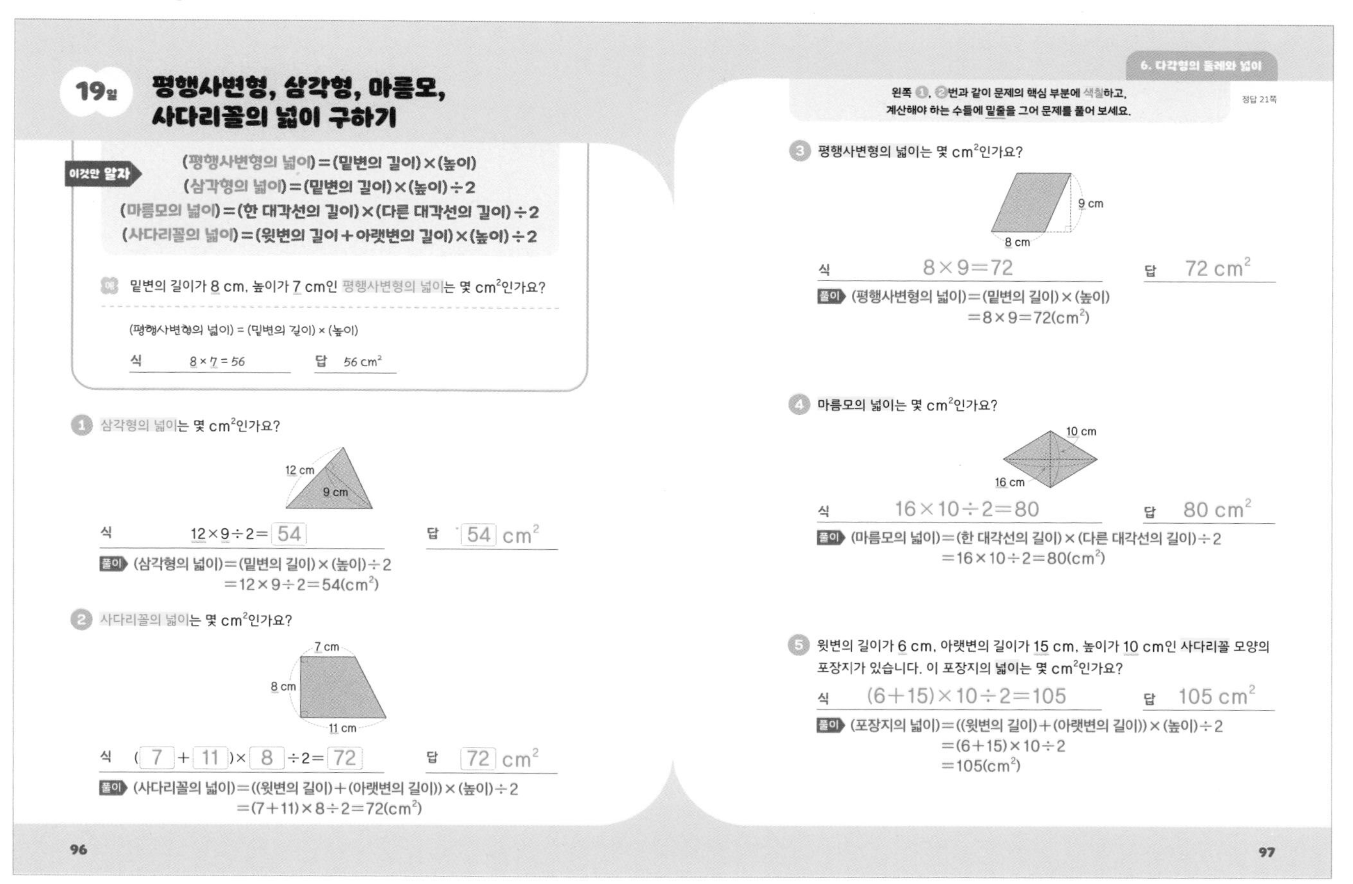

6. 다각형의 둘레와 넓이

19일 평행사변형, 삼각형, 마름모, 사다리꼴의 넓이 구하기

이것만 알자

(평행사변형의 넓이)=(밑변의 길이)×(높이)
(삼각형의 넓이)=(밑변의 길이)×(높이)÷2
(마름모의 넓이)=(한 대각선의 길이)×(다른 대각선의 길이)÷2
(사다리꼴의 넓이)=(윗변의 길이+아랫변의 길이)×(높이)÷2

예 밑변의 길이가 8 cm, 높이가 7 cm인 평행사변형의 넓이는 몇 cm^2인가요?

(평행사변형의 넓이) = (밑변의 길이) × (높이)

식 8 × 7 = 56 답 56 cm^2

1 삼각형의 넓이는 몇 cm^2인가요?

12 cm, 9 cm

식 12×9÷2= 54 답 54 cm^2

풀이 (삼각형의 넓이)=(밑변의 길이)×(높이)÷2
=12×9÷2=54(cm^2)

2 사다리꼴의 넓이는 몇 cm^2인가요?

7 cm, 8 cm, 11 cm

식 (7 + 11)× 8 ÷2= 72 답 72 cm^2

풀이 (사다리꼴의 넓이)=((윗변의 길이)+(아랫변의 길이))×(높이)÷2
=(7+11)×8÷2=72(cm^2)

왼쪽 1, 2번과 같이 문제의 핵심 부분에 색칠하고, 계산해야 하는 수들에 밑줄을 그어 문제를 풀어 보세요.

정답 21쪽

3 평행사변형의 넓이는 몇 cm^2인가요?

9 cm, 8 cm

식 8×9=72 답 72 cm^2

풀이 (평행사변형의 넓이)=(밑변의 길이)×(높이)
=8×9=72(cm^2)

4 마름모의 넓이는 몇 cm^2인가요?

10 cm, 16 cm

식 16×10÷2=80 답 80 cm^2

풀이 (마름모의 넓이)=(한 대각선의 길이)×(다른 대각선의 길이)÷2
=16×10÷2=80(cm^2)

5 윗변의 길이가 6 cm, 아랫변의 길이가 15 cm, 높이가 10 cm인 사다리꼴 모양의 포장지가 있습니다. 이 포장지의 넓이는 몇 cm^2인가요?

식 (6+15)×10÷2=105 답 105 cm^2

풀이 (포장지의 넓이)=((윗변의 길이)+(아랫변의 길이))×(높이)÷2
=(6+15)×10÷2
=105(cm^2)

96 97

98-99쪽

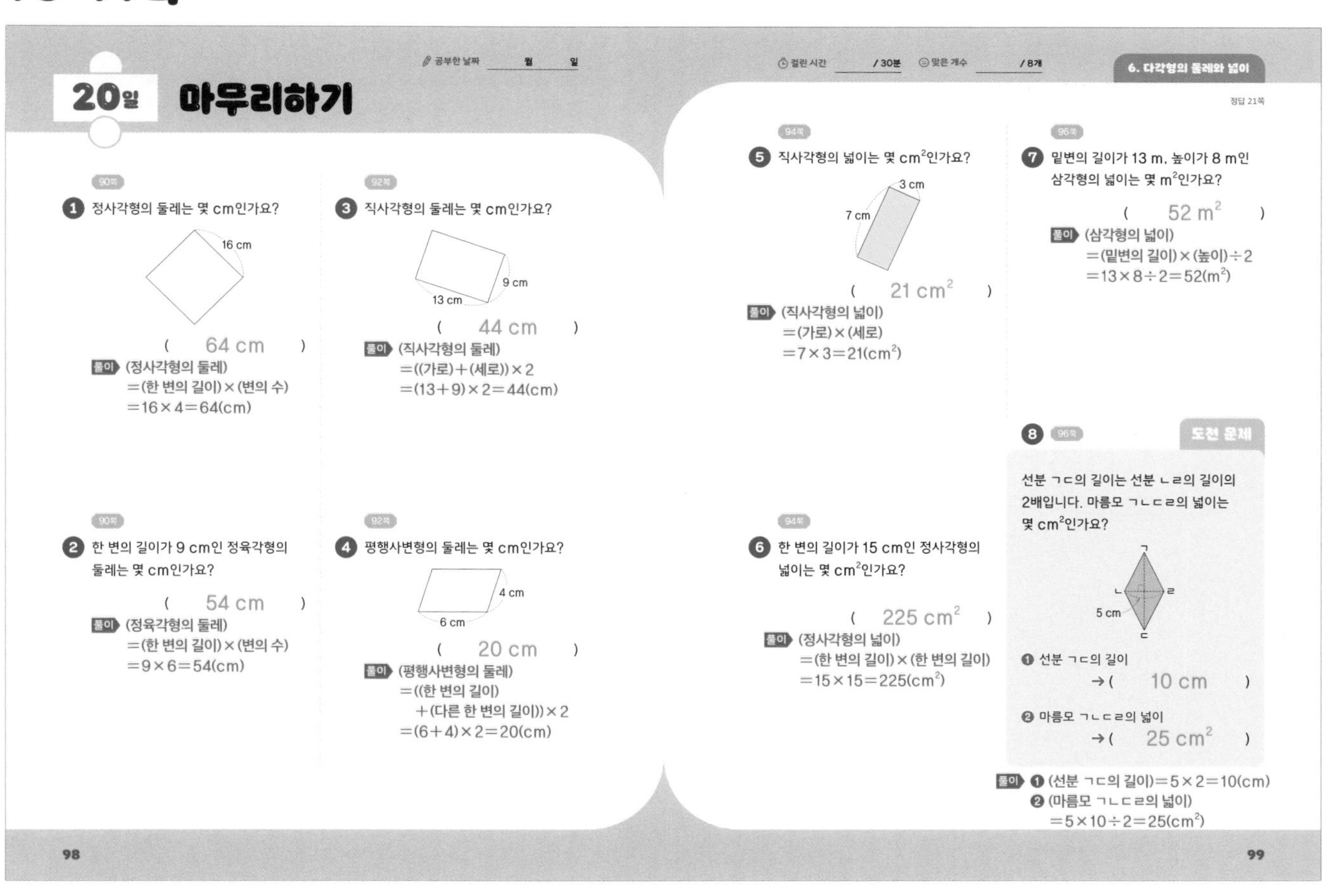

공부한 날짜 월 일 걸린 시간 /30분 맞은 개수 /8개 6. 다각형의 둘레와 넓이

20일 마무리하기

정답 21쪽

90쪽
1 정사각형의 둘레는 몇 cm인가요?

16 cm

(64 cm)

풀이 (정사각형의 둘레)
=(한 변의 길이)×(변의 수)
=16×4=64(cm)

90쪽
2 한 변의 길이가 9 cm인 정육각형의 둘레는 몇 cm인가요?

(54 cm)

풀이 (정육각형의 둘레)
=(한 변의 길이)×(변의 수)
=9×6=54(cm)

92쪽
3 직사각형의 둘레는 몇 cm인가요?

9 cm, 13 cm

(44 cm)

풀이 (직사각형의 둘레)
=((가로)+(세로))×2
=(13+9)×2=44(cm)

92쪽
4 평행사변형의 둘레는 몇 cm인가요?

4 cm, 6 cm

(20 cm)

풀이 (평행사변형의 둘레)
=((한 변의 길이)
+(다른 한 변의 길이))×2
=(6+4)×2=20(cm)

94쪽
5 직사각형의 넓이는 몇 cm^2인가요?

3 cm, 7 cm

(21 cm^2)

풀이 (직사각형의 넓이)
=(가로)×(세로)
=7×3=21(cm^2)

94쪽
6 한 변의 길이가 15 cm인 정사각형의 넓이는 몇 cm^2인가요?

(225 cm^2)

풀이 (정사각형의 넓이)
=(한 변의 길이)×(한 변의 길이)
=15×15=225(cm^2)

96쪽
7 밑변의 길이가 13 m, 높이가 8 m인 삼각형의 넓이는 몇 m^2인가요?

(52 m^2)

풀이 (삼각형의 넓이)
=(밑변의 길이)×(높이)÷2
=13×8÷2=52(m^2)

8 96쪽 도전 문제

선분 ㄱㄷ의 길이는 선분 ㄴㄹ의 길이의 2배입니다. 마름모 ㄱㄴㄷㄹ의 넓이는 몇 cm^2인가요?

ㄱ, ㄴ, ㄷ, ㄹ, 5 cm

❶ 선분 ㄱㄷ의 길이
→(10 cm)

❷ 마름모 ㄱㄴㄷㄹ의 넓이
→(25 cm^2)

풀이 ❶ (선분 ㄱㄷ의 길이)=5×2=10(cm)
❷ (마름모 ㄱㄴㄷㄹ의 넓이)
=5×10÷2=25(cm^2)

98 99

실력 평가

100-101쪽

1회 실력 평가

공부한 날짜 월 일 맞은 개수 /8개

정답 22쪽

1 육상 선수인 진후는 매일 같은 거리를 달렸습니다. 진후가 2주 동안 달린 거리가 126 km일 때, 하루 동안 달린 거리는 몇 km인가요?

(9 km)

풀이 일주일은 7일이므로 2주일은 (7×2)일입니다.
(하루 동안 달린 거리)
=(전체 달린 거리)÷(달린 날수)
=126÷(7×2)
=126÷14=9(km)

2 어느 터미널에서 서울 가는 버스가 오전 8시부터 13분 간격으로 출발합니다. 오전 9시까지 버스는 모두 몇 번 출발하나요?

(5번)

풀이 오전 8시부터 9시까지 버스는 분 단위가 13의 배수일 때 출발합니다.
따라서 출발 시각은 오전 8시, 8시 13분, 8시 26분, 8시 39분, 8시 52분으로 모두 5번 출발합니다.

3 연필 32자루와 색연필 24자루를 최대한 많은 학생에게 남김없이 똑같이 나누어 주려고 합니다. 최대 몇 명에게 나누어 줄 수 있나요?

(8명)

풀이
2) 32 24
2) 16 12
2) 8 6
4 3
⇨ 최대공약수: 2×2×2=8
따라서 최대 8명에게 나누어 줄 수 있습니다.

4 한 바구니에 귤이 7개씩 들어 있습니다. 바구니의 수를 □, 귤의 수를 ○라고 할 때, 바구니의 수와 귤의 수 사이의 대응 관계를 식으로 나타내어 보세요.

(□×7=○ 또는 ○÷7=□)

풀이 (바구니의 수)×7=(귤의 수)
⇨ □×7=○
(귤의 수)÷7=(바구니의 수)
⇨ ○÷7=□

5 오이의 무게는 $\frac{2}{9}$ kg, 호박의 무게는 $\frac{5}{12}$ kg입니다. 오이와 호박 중 더 무거운 것은 어느 것인가요?

(호박)

풀이 $\left(\frac{2}{9}, \frac{5}{12}\right) \Rightarrow \left(\frac{8}{36}, \frac{15}{36}\right)$
⇨ $\frac{2}{9} < \frac{5}{12}$
따라서 더 무거운 것은 호박입니다.

6 $\frac{3}{10}$ L의 물이 들어 있는 물통에 $\frac{7}{15}$ L의 물을 더 부었습니다. 물통에 들어 있는 물은 모두 몇 L인가요?

($\frac{23}{30}$ L)

풀이 (물통에 들어 있는 물의 양)
=(물통에 들어 있던 물의 양)
+(더 부은 물의 양)
$=\frac{3}{10}+\frac{7}{15}=\frac{9}{30}+\frac{14}{30}$
$=\frac{23}{30}$ (L)

7 가장 큰 수와 가장 작은 수의 차를 구해 보세요.

$5\frac{7}{9}$ $3\frac{1}{4}$ $3\frac{2}{3}$

($2\frac{19}{36}$)

풀이 $3\frac{1}{4}=3\frac{3}{12}$, $3\frac{2}{3}=3\frac{8}{12}$이므로 가장 큰 수는 $5\frac{7}{9}$, 가장 작은 수는 $3\frac{1}{4}$입니다.
⇨ $5\frac{7}{9}-3\frac{1}{4}=5\frac{28}{36}-3\frac{9}{36}$
$=2\frac{19}{36}$

8 삼각형의 넓이는 몇 cm^2인가요?

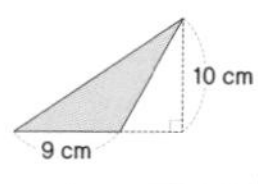

($45\ cm^2$)

풀이 (삼각형의 넓이)
=(밑변의 길이)×(높이)÷2
=9×10÷2=45(cm^2)

102-103쪽

2회 실력 평가

공부한 날짜 월 일 맞은 개수 /8개

정답 22쪽

1 정류장에 32명이 탄 버스가 도착했습니다. 7명이 내리고 13명이 탔습니다. 지금 버스 안에 타고 있는 사람은 몇 명인가요?

(38명)

풀이 (지금 버스 안에 타고 있는 사람 수)
=(처음에 타고 있던 사람 수)
−(내린 사람 수)+(탄 사람 수)
=32−7+13=25+13
=38(명)

2 5개에 6000원인 빵 1개와 1개에 650원인 우유 3개를 사고 4000원을 냈습니다. 거스름돈은 얼마인가요?

(850원)

풀이 빵 1개의 값은 (6000÷5)원, 우유 3개의 값은 (650×3)원입니다.
(거스름돈)
=4000
−(빵 1개의 값+우유 3개의 값)
=4000−(6000÷5+650×3)
=4000−(1200+1950)
=4000−3150=850(원)

3 송편 18개를 남김없이 접시에 똑같이 나누어 담을 수 있는 방법은 모두 몇 가지인가요?

(6가지)

풀이 18의 약수는 1, 2, 3, 6, 9, 18이므로 똑같이 나누어 담을 수 있는 접시 수는 1개, 2개, 3개, 6개, 9개, 18개입니다.
따라서 접시에 똑같이 나누어 담을 수 있는 방법은 모두 6가지입니다.

4 음료 1개에 설탕이 35 g 들어 있습니다. 음료 12개에 들어 있는 설탕은 몇 g인가요?

(420 g)

풀이 (음료의 수)×35=(설탕의 양)
⇨ 12×35=420(g)

5 $\frac{4}{5}$와 크기가 같은 분수 중에서 분모와 분자의 합이 30보다 크고 50보다 작은 분수를 모두 구해 보세요.

($\frac{16}{20}$, $\frac{20}{25}$)

풀이 $\frac{4}{5}$와 크기가 같은 분수를 구하면
$\frac{4}{5}=\frac{8}{10}=\frac{12}{15}=\frac{16}{20}=\frac{20}{25}$
$=\frac{24}{30}=\cdots$입니다.
따라서 분모와 분자의 합이 30보다 크고 50보다 작은 분수는 $\frac{16}{20}$, $\frac{20}{25}$입니다.

6 유나는 운동을 어제 $\frac{7}{8}$시간 동안 했고, 오늘 $\frac{9}{10}$시간 동안 했습니다. 유나는 어제보다 오늘 운동을 몇 시간 더 많이 했나요?

($\frac{1}{40}$시간)

풀이 (오늘 운동을 한 시간)
−(어제 운동을 한 시간)
$=\frac{9}{10}-\frac{7}{8}=\frac{36}{40}-\frac{35}{40}$
$=\frac{1}{40}$(시간)

7 어떤 수에 $2\frac{4}{5}$를 더했더니 $5\frac{2}{3}$가 되었습니다. 어떤 수는 얼마인가요?

($2\frac{13}{15}$)

풀이 어떤 수를 □라 하면
$□+2\frac{4}{5}=5\frac{2}{3}$
⇨ $□=5\frac{2}{3}-2\frac{4}{5}=2\frac{13}{15}$입니다.

8 직사각형의 둘레는 몇 cm인가요?

11 cm
7 cm

(36 cm)

풀이 (직사각형의 둘레)
=((가로)+(세로))×2
=(7+11)×2=36(cm)

MEMO

MEMO